La Danse de Gaïa

ELISABET SAHTOURIS

La Danse de Gaïa

NOTRE HISTOIRE ET CELLE DE LA PLANÈTE

ÉDITIONS
VEGA

www.editions-tredaniel.com
info@guytredaniel.fr
www.facebook.com/editions.tredaniel

Traduit de l'anglais par Michèle Choquet

ISBN : 978-2-85829-811-2

Contact auteure :

elisabet@sahtouris.com

Pour tous ceux qui aident Gaïa
à retrouver l'équilibre de sa danse.

Pour un monde de confiance et d'amour.

Sommaire

Préface

Ce que je raconte dans ce livre repose sur ma vision personnelle de l'évolution de la Terre et de l'histoire humaine au sein de ce contexte. Étant une biologiste de l'évolution je me perçois comme profondément ancrée dans le passé, ce qui me permet d'être une bonne visionnaire de l'avenir. Lorsque nous parvenons à connaître nos racines issues d'un passé évolutionnaire, nous saisissons mieux les possibilités de notre avenir.

La façon de faire de la nature a été, au fil du temps, celle d'une complexité croissante. Il n'est donc pas facile de raconter l'histoire scientifique de près de quatre milliards d'années d'évolution et de quelques milliers d'années de l'évolution humaine, dans un ouvrage relativement court. Il nous faut beaucoup simplifier pour pouvoir la transformer en une histoire cohérente. C'est pour cela que j'ai choisi de la présenter comme un livre d'enfants pour les grands, afin, pour autant que ce soit possible, de simplifier cette complexité.

Même ce que nous considérons comme des « faits » peut changer avec le temps. La science fait de nouvelles découvertes, énonce de nouvelles théories et de nouvelles explications, et change même les croyances sur la base desquelles celles-ci se sont construites. Oui, la science elle-même, ses théories, ses hypothèses, ses expériences, ses résultats et leur interprétation reposent sur une histoire fondamentale de la nature de notre Univers et de la manière dont nous pouvons l'étudier afin d'en recueillir une information fiable. Personne ne peut bâtir une théorie sans avoir une idée de ce que cette théorie a pour but d'expliquer.

Les scientifiques doivent donc croire en leurs idées de ce qu'est un univers, avant de pouvoir commencer à l'étudier. Et, pour compliquer les choses, ces scientifiques modifient en ce moment même leur vision du type d'univers auquel ils croient, ainsi que vous le verrez dans ce livre. Je fais partie de ceux d'entre eux qui sont en train de modifier leur point de vue entre un univers non vivant et sans aucun sens, et un univers conscient et intelligent, ce que vous verrez aussi.

J'ai choisi de raconter cette histoire de la Terre et de nous, comme si elle était un être mythologique réel : Gaïa. Cette dernière est une déesse grecque dont le nom signifie encore « Terre » en grec. À notre époque, grâce au scientifique James Lovelock, et à son voisin auteur William Golding, son nom évoque maintenant la nature vivante scientifiquement démontrée de la Terre. L'histoire de Gaïa est ce qui fait de ce livre un livre d'enfants pour les grands. J'espère que cela vous ouvrira à une perception nouvelle de ce que vous êtes : une partie vitale de sa danse !

Elisabet Sahtouris, Majorque, 2013.

Introduction

Du mythe ancien jusqu'à la science moderne

Depuis les temps les plus reculés, les gens ont conté des histoires sur l'origine de la Terre et de ses créatures vivantes. L'une des plus anciennes et des plus adorables de ces histoires est celle du mythe grec de la danse de Gaïa.

Dans les temps anciens, les familles grecques se rassemblaient dehors lors des chaudes soirées d'été et écoutaient les conteurs ambulants qui se déplaçaient de village en village : « Il était une fois, disait le conteur, il y a si longtemps que c'était même avant le tout début des choses, il y avait seulement un grand vide sombre. » Sa main balayait le ciel, comme pour effacer toutes les couleurs du soleil couchant : « Pas de ciel, continuait-il, pas de mers, pas de montagnes, ni de gens ou d'animaux. Pas de monde du tout. Juste le vaste vide béant appelé *chaos*. Et c'est ainsi que c'était pendant très longtemps.

« Alors, continuait-il, quelque chose se produisit. Quelque chose se mêla à ce chaos ; quelque chose commença à bouger... Si vous aviez été là pour voir, cela aurait pu d'abord ressembler à une vague brume tourbillonnante. Puis, surgissant de l'obscurité, vous auriez vu la brume lentement se transformer en des voiles blancs qui drapaient une magnifique déesse dansante : la déesse Gaïa !

« Là, au milieu de l'obscurité, l'adorable déesse Gaïa dansait en tournoyant et tournoyant, sans qu'il y ait de raison pour danser, sans que ses pieds ne puissent rien toucher. Comme Gaïa dansait de plus en plus vite, continuait-il, son corps tourbillonnant forma de lui-même les montagnes et les vallées. La sueur coula de son corps et commença à former les océans. Elle tourbillonna en cercles encore et encore, à la fois danseuse et danse. Ses bras gracieux firent se lever un vent qui souffla et grandit en un ciel riche de nuages. Elle nomma ce ciel-vent *Ouranos* et s'en enveloppa comme d'un partenaire amoureux.

« Tout en continuant sa danse, avec Ouranos comme protecteur, Gaïa devint la Terre avec ses forêts et ses rivières, les poissons et les oiseaux et les animaux, et les Titans géants, qui furent les premiers enfants de Gaïa sur deux jambes. De ces géants, au cours du temps, naquirent les dieux et les déesses et tout le peuple de la Terre.

« Gaïa savait que les gens sont des créatures curieuses de comprendre comment tout a commencé et comment tout continuera, poursuivait-il, alors, elle laissa ses secrets se répandre depuis des lieux particuliers, comme Delphes, là où un oracle les lit et les interprète.

« Rappelez-vous toujours que la danse de Gaïa, quelle que soit la façon dont les gens s'en souviennent, fut le début du monde, de toute la nature et de tous les peuples. Nous sentons encore sa présence dans les océans, dans le ciel, dans chaque montagne, chaque créature, et dans nos cœurs. Elle est la grande Mère de tous, donneuse et protectrice de vie. Si nous l'aimons comme notre mère, si nous la respectons et si nous en prenons soin, alors, la danse de nos propres vies deviendra aussi belle et harmonieuse que la sienne. »

À notre époque, nous sommes encore curieux de connaître la manière dont la Terre a commencé et ce qu'il adviendra de notre belle planète et de nous, de nos propres enfants ainsi que de leurs enfants plus tard. Mais aujourd'hui, lorsque les gens veulent connaître des histoires telles que la création de la Terre et de ses créatures, ils écoutent généralement les scientifiques plutôt que les conteurs ambulants. Pourtant, parfois, les scientifiques eux-mêmes sont surpris par des découvertes qui leur rappellent d'anciens contes tels que le mythe de la danse de Gaïa.

Les scientifiques avaient jusqu'à récemment la certitude que la seule chose vivante sur Terre était « la vie biologique », les plantes et toutes les créatures, depuis les microbes jusqu'aux mammouths. Les montagnes, les océans, les cieux, tout ce qui semblait faire partie de la planète elle-même étaient perçus comme étant formés de matière non vivante, au sens où cela n'avait rien à voir avec la vie. On supposait que celle-ci avait émergé à partir d'une Terre non vivante déjà préexistante.

Bien entendu, cela laissait aux scientifiques un très grand mystère à résoudre : comment la vie pouvait-elle émerger d'une planète non vivante ?

Plus nous étudions la Terre, plus ce que nous en apprenons nous paraît étrange et merveilleux. Notre découverte la plus récente est que la Terre elle-même se comporte comme un être extraordinaire qui est aussi vivant que nos propres corps !

La plupart des populations indigènes du monde ont vu et respecté la Terre comme leur mère, mais pour les scientifiques modernes, découvrir qu'elle est vivante est quelque chose d'encore relativement nouveau. Lorsque l'un d'entre eux, James Lovelock, nomma cette Terre vivante *Gaïa*, en mémoire du mythe grec ancien, les autres scientifiques trouvèrent cela étrange. Mais chaque jour, ces derniers apprennent du nouveau sur Gaïa et sa danse créative, de la manière dont ses créatures se forment et dansent ensemble. Grâce à cette nouvelle connaissance, ils rassemblent les morceaux d'une histoire moderne et réaliste de la danse de Gaïa – et c'est ce dont traite ce livre.

La danse de la création de Gaïa correspond à ce que nous appelons habituellement l'*évolution* de la Terre, et que nous nommons maintenant *écologie*, l'équilibre harmonieux de cette danse. De même que pour nos propres corps, Gaïa se maintient à une température adéquate pour la vie. Et tout comme nos corps travaillent pour préserver le bon équilibre parmi les atomes et les molécules, la chimie de notre peau et de notre sang, de nos os et de nos organes, la Terre fait de même pour préserver un équilibre chimique adéquat dans ses cieux et ses océans, ses roches et ses sols.

Nous verrons que l'ancien mythe a prédit l'histoire scientifique exactement dans le bon ordre : d'abord la formation du corps terrestre, ensuite la formation des océans, suivie de celle de l'atmosphère, et enfin, l'apparition des plantes et des animaux, y compris nous-mêmes. Les détails de l'histoire scientifique sont encore plus fascinants que le mythe ancien.

Certains détails de cette histoire que vous êtes sur le point de lire changeront au moment même où vous les lirez, puisque de nouvelles découvertes ont lieu chaque jour, ainsi qu'au cours des années à venir, en ce qui concerne Gaïa. Peut-être trouverez-vous de nouvelles pièces de l'histoire, ou encore mettrez-vous à jour celles que nous connaissons. Nous faisons tous partie de la danse de Gaïa, et plus nous en apprenons à son sujet, plus nous apprenons de nous-mêmes en tant que peuple de la Terre.

Tout d'abord, les gens sont encore de très jeunes créatures gaïaennes et nous avons encore beaucoup à apprendre sur la manière de nous équilibrer au sein de la danse de cette magnifique planète. L'histoire humaine nous paraît très longue lorsque nous étudions tout ce qui est survenu. Mais les êtres humains font partie de la danse de Gaïa depuis seulement quelques millions d'années, alors que Gaïa danse depuis des milliers de millions d'années. Nous figurons donc parmi ses plus jeunes créatures, et peut-être cela nous aide-t-il à comprendre pourquoi les humains agissent plutôt comme des enfants qui font des bêtises en grandissant.

En fait, comme nous le verrons, nous ne sommes pas les premiers enfants de Gaïa à nous créer des problèmes ainsi qu'à elle, mais il y a quelque chose de spécial en nous : nous sommes, pour autant que nous le sachions, les premiers de ses enfants qui peuvent comprendre ces problèmes, y *réfléchir*, les mettre en histoires et les résoudre de leur propre chef.

Le plus grand problème que nous ayons engendré, en plus des guerres et des famines pour un grand nombre des nôtres, est celui des dommages corporels de Gaïa, ce que nous appelons ses écosystèmes, ses régions, les océans et l'atmosphère, ainsi que toutes leurs créatures.

Pourtant, chacun de nous dépend de la santé de ces écosystèmes, et ce, autant que la vie de chacune de nos cellules corporelles dépend du reste du corps pour *sa* survie.

Les problèmes que nous avons créés sont maintenant si grands que nous les identifions en tant que « crise globale », et bien des gens pensent que nous n'arriverons jamais à les résoudre. Mais, en ce moment même de notre époque troublée, nos yeux s'ouvrent sur la vision de Gaïa et la reconnaissance de milliers de millions d'années d'expérience qu'elle a pour résoudre petits et grands problèmes. Nous pouvons nous tourner vers elle pour chercher conseil, comme si elle était réellement la grande Mère dont parlaient les anciens conteurs. Nous pourrons ainsi apprendre de son expérience et de sa sagesse, afin que les humains puissent s'assagir suffisamment et construire un monde meilleur.

Comme nous l'avons vu dans le mythe ancien, les gens découvraient les secrets de Gaïa en des lieux particuliers tels que celui de Delphes. Ils s'y rendaient pour connaître ce que l'avenir leur réservait. Alors que maintenant nous avons réellement besoin de les connaître, ces secrets semblent se répandre du corps de Gaïa, presque partout là où les scientifiques posent le regard. Allons donc voir comment nous avons découvert Gaïa, ce que sa danse a été jusqu'à maintenant, et comment nous pourrions danser de manière moins destructive, plus harmonieuse et plus créative avec elle pour notre propre avenir.

1
La curiosité

Bien avant que l'on puisse photographier la Terre depuis l'espace, les gens avaient réalisé qu'elle était une planète qui flotte et tourne autour d'une étoile, le Soleil, qui lui-même tourne dans l'espace. Nous avions beaucoup appris d'elle, et à l'aide de mappemondes, nous nous faisions une idée plutôt juste de ce à quoi elle ressemblerait si nous pouvions la voir dans sa totalité. Mais lorsque les premiers astronautes rapportèrent des photos, partout dans le monde, on fut émerveillé et ravi de sa beauté chatoyante.

C'était plus qu'une belle planète, c'était quelque chose de vivant qui respirait tout en tourbillonnant ! Si vous avez eu l'occasion de voir des vidéos de ce tourbillon, et de ses motifs de nuages qui changent constamment, vous pourrez l'imaginer telle une danseuse tournoyante, enveloppée de ses voiles blancs et brumeux, et vous pourrez alors comprendre pourquoi les Anciens la voyaient comme la déesse grecque, Gaïa.

Les Grecs, alors que leur langue évoluait avec le temps, appelèrent Gaïa, *ge*, qui est le mot duquel sont issus les mots *gé*ologie, l'étude de la formation de la Terre ; *gé*ométrie, les mesures de la Terre, et *gé*ographie, la cartographie de la Terre. Les gens ont longtemps étudié la géologie, la géométrie, la géographie, mais ils avaient à peine commencé au moment où ces anciens villageois grecs écoutaient les conteurs.

Depuis les débuts de l'humanité, notre recherche pour la nourriture, des lieux sûrs pour vivre, et parfois notre simple curiosité, nous ont poussés à voyager de plus en plus loin.

D'abord, les gens se rendirent seulement aussi loin que leurs pieds pouvaient les porter. Puis, ils apprirent à apprivoiser les chevaux et à fabriquer des bateaux. Les petits bateaux devaient demeurer près des rives, alors les gens en inventèrent de plus gros, de ceux qui pouvaient traverser les océans à l'aide de voiles et d'avirons. Cela faisait peur, personne ne connaissait leur étendue, car les bateaux disparaissaient de la vue comme s'ils étaient tombés du bord du monde.

Cela fit penser aux gens que la Terre pourrait avoir la forme d'une grosse crêpe, avec la mer qui entoure ses bords. Nous pouvons les imaginer heureux et reconnaissants, chaque matin, alors que le soleil apparaissait au-dessus de leur tête pour allumer le monde. Probablement n'étaient-ils pas si heureux lorsque le soleil descendait derrière le bord du monde chaque soir, mais au moins y avait-il de petites étoiles lumineuses et la lune pour prévenir une trop grande obscurité. Quelques-uns, en regardant la lune, y voyaient un visage et pensaient qu'elle était vivante. La Terre aussi leur paraissait vivante, même s'ils ne pouvaient pas voir son visage puisqu'ils l'habitaient.

Ce fut la curiosité des gens et leurs recherches pour de nouvelles terres qui les amenèrent à essayer de comprendre la forme de la Terre. Dans leur poésie et les histoires de la création, la plupart la voyaient comme la grande Mère qui leur donnait eau et nourriture, des lieux de vie et de belles choses à regarder. Nous savons déjà que les Grecs anciens la nommaient Gaïa. D'autres peuples la nommèrent différemment : Erda (d'où provient le nom de Terre), Inana, ou Matrona par exemple, mais c'était toujours pour nommer la Terre-Mère ou la mère Nature.

Tandis que certains vivaient simplement, en respectant et en aimant la nature, d'autres commencèrent à s'affairer, à inventer de nouveaux objets – tels de plus grands et meilleurs bateaux qui pouvaient s'aventurer de plus en plus loin, jusqu'à pouvoir franchir des océans. Les marins rapportèrent alors qu'il n'existait pas de bords du monde desquels on pouvait tomber, et bientôt, les mathématiciens comprirent que le monde devait être aussi rond qu'un ballon. Un libraire de l'ancienne Alexandrie, quelques centaines d'années avant Jésus-Christ, calcula même sa taille. Cette connaissance de la Terre faite comme un gros ballon plutôt qu'une assiette plate se perdit pourtant plus tard, et ce, pendant plus d'un millier d'années. Elle dut être à nouveau découverte.

Nous savons maintenant que beaucoup de peuples anciens, tels que les indigènes des îles du Pacifique, les Phéniciens, les Grecs et les Celtes, traversaient les océans à la recherche de nouvelles terres et de nouveaux peuples. Pour autant que nous le sachions, ils se déplaçaient la plupart du temps de manière pacifique et amicale sur les terres des autres, en échangeant des biens et en partageant leurs idées. Nous ne savons pas pourquoi ces voyages, sur l'Atlantique du moins, s'arrêtèrent vers l'époque de la chute de l'Empire romain, mais nous savons que les Européens en perdirent la mémoire, et ce, jusqu'à l'époque de Colomb.

Il y avait, à cette époque, des histoires d'or et de grands trésors provenant de la terre lointaine que l'on appelait *les Indes*, desquelles les négociants avaient rapporté des épices et de la soie en Europe, par voie terrestre. Colomb, sachant que le monde était rond, décida de les trouver en passant par les mers. La route terrestre était un très long voyage, difficile, car il fallait passer par des montagnes et des déserts interminables, en courant de nombreux dangers. Il espérait qu'il serait plus facile d'y parvenir en naviguant sur la mer dans la direction opposée et en contournant le monde. Une fois que son équipage prit la route, les rêves d'or les gardèrent en haleine.

Ce qu'ils trouvèrent, comme nous le savons tous, fut une terre d'Amérique oubliée depuis longtemps, mais, pensant qu'il s'agissait des Indes, ils nommèrent les gens des *Indiens*. Des expéditions espagnoles furent bientôt envoyées à la recherche d'or, et lorsqu'ils en découvrirent, comme chez les Aztèques et les Incas, ils les massacrèrent pour se l'approprier. Presque partout ailleurs en Amérique, ils ne trouvèrent aucun or, et ils décidèrent alors de prendre les terres elles-mêmes, l'argent, le cuivre et tout ce qui pouvait s'exploiter. Les populations indigènes qu'on nommait les *Indiens*, ne comprirent pas ce qui leur arriva lorsque ces hommes blancs commencèrent à diviser les terres en disant : « Cette partie est pour notre roi, cette partie est pour nous, et vous devrez vous en aller demeurer sur cette petite parcelle là-bas. » Ils pensèrent que c'était vraiment mal de découper ainsi la grande Terre-Mère en morceaux, alors qu'elle était là pour être partagée, aimée et soignée par tous.

Pendant ce temps, en Europe, là d'où les hommes blancs étaient venus, les anciennes religions païennes, celles où les gens adoraient la Terre, furent supprimées par l'Église. Bien des femmes, qui la pratiquaient en utilisant des plantes dans des cérémonies de reconnaissance et de guérison, furent brûlées sur le bûcher comme sorcières. Les scientifiques faisaient néanmoins des découvertes intéressantes, bien que certains fussent eux aussi punis par l'Église pour leur vision de la Terre et de l'Univers. Leurs idées commencèrent à prendre sens alors que quelque chose de nouveau émergeait, qui emballait les Européens.

2
Le monde machine

Ce qui excitait tant les gens à cette époque, c'était d'inventer des machines, des objets mécaniques faits de fer et de bois, de vis et d'écrous, de roues, et d'autres pièces mobiles. Ces machines pouvaient effectuer le travail que les gens faisaient auparavant manuellement, comme la copie et l'impression de livres, le filage de fibres et le tissage d'étoffes.

Les gens bien nantis et ceux qui fréquentaient la Cour des Rois adoraient les machines, à tel point qu'ils en inventèrent pour se divertir. Artistes et ingénieurs œuvraient ensemble, fabriquant des boîtes à musique mécaniques, des horloges de fantaisie et des oiseaux bijoux à manivelle qui pouvaient chanter presque aussi bien que de vrais oiseaux.

À cette même époque, certains scientifiques tentaient de déchiffrer la mécanique des oiseaux et des autres animaux. Comment le flux des rivières et les changements climatiques étaient-ils créés ? Comment le Soleil, les planètes et les étoiles se déplaçaient-ils dans le ciel et autour de la Terre ?

On argumentait sur ces questions. Le Grec ancien Aristarque avait dit que la Terre se déplaçait autour du soleil, mais les Européens, tout en respectant ces Grecs anciens, s'étaient fait dire par leurs prêtres que Dieu avait créé la Terre comme la chose la plus importante de l'Univers, en plein centre, avec tout le reste qui tournait autour d'elle : le Soleil, la Lune, les planètes et les étoiles. Grâce à des inventions comme le télescope, les scientifiques prouvèrent finalement que la Terre était en fait une planète qui gravitait autour de son soleil tout en se déplaçant dans l'espace. Les autres planètes faisaient de même, mais elles en étaient suffisamment éloignées pour ressembler à des étoiles lorsqu'elles reflétaient la lumière solaire, alors que notre lune gravitait autour de la Terre tout comme les lunes d'autres planètes le font aussi. Ils appelèrent cela le *système solaire*, et plus tard, les scientifiques comprirent que les autres étoiles pouvaient, elles aussi, être des soleils dotés de leurs propres planètes, gravitant autour de lui. Certains peuples anciens connaissaient déjà le système solaire dans un passé lointain, mais on dut le redécouvrir en Europe.

Les rouages du système solaire et des autres étoiles rappelaient aux scientifiques les horloges et leurs roues de tailles diverses qui tournent lentement sur elles-mêmes. Il était plus facile de penser à ces grands motifs de rotation dans les cieux comme à des cercles fixés dans l'espace, tout comme à des rouages. Ils construisirent donc des modèles de l'Univers à cette image et ils décidèrent que c'était ainsi que cela fonctionnait, comme une gigantesque horloge bien huilée !

Les plus grandes horloges sur Terre étaient d'énormes mécanismes érigés sur les clochers d'église. Leurs grandes roues tournaient non seulement pour afficher l'heure, mais aussi pour jouer de la musique, avec de petits personnages qui marquaient le pas en rond, tout en battant tambours et trompettes, tandis que d'autres brandissaient des épées. Ces personnages grandeur nature étaient des machines en elles-mêmes. Il n'est pas étonnant que les gens qui avaient fabriqué de telles machines et qui les avaient vues fonctionner aient pu fièrement penser que l'on pouvait pratiquement tout accomplir avec leur aide !

Les scientifiques qui tentaient d'expliquer l'Univers croyaient que la grande horloge des étoiles et des planètes pourrait elle aussi avoir ses propres robots. Platon avait perçu Dieu comme un mathématicien ; Descartes, l'un des pères fondateurs de la science en Europe, le perçut plutôt comme un ingénieur, en ce qu'Il avait créé le monde et l'ensemble de ses créatures sous la forme de mécanismes. C'était une idée très excitante. Les scientifiques sont des gens dotés d'une grande curiosité sur la façon dont les phénomènes surviennent et la manière dont ils fonctionnent, et ils sont avides de les expliquer. Pour eux, l'idée de mécanismes et de robots était une manière d'expliquer l'ensemble du monde, et même la totalité de l'Univers ! Après tout, les hommes qui inventaient des machines étaient ainsi en mesure de les comprendre, et donc, il leur semblait que la nature qui leur était apparue si mystérieuse pouvait enfin être comprise et expliquée. Ils eurent une telle certitude de ce monde machine qu'ils avaient conçu dans leur esprit, qu'ils se mirent à réellement croire que c'était ainsi que la nature avait été inventée.

Les géologues se mirent à parler des mécanismes géologiques, de la manière dont la Terre était assemblée, et les biologistes parlèrent des mécanismes de l'évolution, de la manière dont les plantes, les animaux et les gens avaient été inventés par Dieu l'Ingénieur et dont leurs morceaux avaient été eux aussi assemblés. Les médecins évoquaient les pompes du cœur et des poumons, et les mécanismes des muscles et des os ; les premiers psychologues parlèrent de la machinerie du cerveau. Ils voulaient connaître comment chacun de ces mécanismes « tournait » et ce qui se produisait quand quelqu'un tombait malade.

Chaque sorte de scientifique avait ses types particuliers de mécanismes à étudier et à expliquer. Tous ensemble, ils étaient certains du fait qu'il ne resterait plus aucun mystère à appréhender dans la nature, lorsque chacun aurait expliqué sa propre partie.

Les scientifiques qui étudient la matière, le matériau dont est fait l'Univers, s'appellent des *physiciens*. Cela, parce qu'ils étudient le matériau duquel toute la nature provient, et le mot grec qui signifie « nature » est *physis*. Un grand nombre de termes scientifiques proviennent de mots grecs et latins. Les Grecs anciens avaient émis beaucoup d'idées scientifiques, telles que celle de la Terre qui tourne autour du Soleil. Une autre idée grecque ancienne, qui souleva l'intérêt des physiciens en Europe, était celle selon laquelle la nature entière était faite de tout petits morceaux de matière, trop petits pour qu'on puisse les voir. Les Grecs, qui avaient songé à cela, les avaient nommés des *atomes*, du mot *atomo*, qui signifie « indivisible », les plus petits morceaux, ceux que l'on ne peut plus découper. Les sociétés humaines sont faites d'individus, qui constituent les plus petites parties de la société et sont indivisibles, alors le mot grec pour dire individu ou personne était aussi *atomo*. Ils conclurent donc que la nature doit être faite de parties indivisibles. Seulement, ses atomes, contrairement aux individus, sont trop petits pour qu'on puisse les voir. Ils conclurent également que ces atomes de la nature, au contraire des individus, étaient tous semblables.

Mais, dirent les Grecs, bien qu'ils fussent tous semblables, ces atomes naturels pouvaient former différents types de matière. Ils pouvaient former de la pierre ou de l'eau, de l'air ou du bois, et même des corps vivants, selon les arrangements des motifs que forment leurs atomes. Même si ces derniers étaient minuscules et invisibles, ils devaient également être si résistants qu'ils ne pourraient être ni brisés ni détruits. Cela signifiait que les atomes étaient non seulement les plus petits éléments, mais aussi ceux qui duraient le plus longtemps. De nos jours encore, les scientifiques présument que nous respirons les atomes qui formèrent les choses et les gens du passé.

Il s'écoula plus de deux mille ans entre l'époque où l'idée des atomes était née, et le moment où les scientifiques eurent les machines et les mathématiques qui leur permirent de prouver que ceux-ci existaient réellement en tant que minuscules et invisibles blocs de construction, pour toute matière. Les physiciens travaillèrent de concert avec les chimistes, qui eux, étudièrent la façon dont les atomes se maintiennent ensemble, et ils découvrirent que les gaz sont faits d'atomes flottants, les liquides d'atomes glissants, et les objets solides d'atomes formés de motifs plus denses. On commençait réellement à croire que les scientifiques étaient enfin parvenus à découvrir les plus petits éléments de cette merveilleuse machine qu'est la nature, et qu'ils pouvaient désormais résoudre le mystère de tous les mécanismes naturels.

Mais il advint qu'ils eurent une très grande surprise !

3

La danse des atomes

En fait, il y eut plusieurs surprises. D'abord, les atomes n'étaient pas du tout de petits éléments solides. Ensuite, ils n'étaient pas tous semblables.

Chaque atome ressemblait plutôt à un soleil avec ses planètes qui gravitent autour de lui, un minuscule système solaire. Dans la mesure où tout cela était beaucoup trop petit pour être vu, même au microscope, les scientifiques devaient deviner leur forme à partir de leur comportement avec d'autres atomes.

Clairement, il y avait quelque chose au centre, tout comme le Soleil se trouve au centre du système solaire. Ils l'appelèrent le *nucleus* et tentèrent de comprendre ce que pouvaient être les éléments encore plus minuscules qui tournaient autour de lui comme des planètes. Les différents types d'atomes paraissaient avoir un nombre différent de ces choses-planètes, qu'ils nommèrent *électrons*. Le noyau différait lui aussi en fonction des atomes. Certains étaient nettement plus lourds que les autres, alors ils les trièrent à l'aide de leur « poids atomique ».

L'autre surprise fut que même le noyau était fait de plusieurs parties. De plus petits éléments, maintenus ensemble par des forces incroyablement puissantes, au point que son éclatement en parties générait une explosion. Cette découverte mena plus tard à la création des armes atomiques ou nucléaires, et par la suite à l'énergie nucléaire, productrice d'électricité.

Il se trouve que chaque atome, peu importe sa densité, comme dans un cristal, est en fait une masse minuscule d'éléments qui tournent et s'agitent autour du noyau. On les appelle de nos jours des *particules*. Pourtant, même ces particules ne sont pas solides.

C'est ce qui fut la plus grande surprise de toutes. Les particules sont comme de minuscules vents qui tourbillonnent dans une tempête, des vagues qui dansent sur la mer. Lorsque les physiciens essaient de les saisir, elles se forment, se divisent, disparaissent, se transforment l'une en l'autre, font tout sauf se tenir tranquilles pour qu'on les étudie. Tout ce que les physiciens peuvent décrire ou tenter de décrire, c'est le motif de leur danse mutuelle, une danse de pure énergie qui ne contient rien de solide ! Les particules elles-mêmes, le « matériau » de la matière, sont en fait de l'énergie.

Quel casse-tête pour les physiciens ! La matière solide se dissout lorsqu'on se rend jusque dans ses parties les plus minuscules. Heureusement, elle ne se dissout pas en rien, puisque le motif de la danse énergétique demeure toujours pour donner matière à sa forme. Le seul problème est que si l'on tente de séparer les danseurs de leur danse pour les étudier, cela ne fonctionne pas. C'est comme essayer d'étudier une tempête en retirant une vague de la mer, ou du vent de l'air. Pensez-y un moment, comme à une danse pour laquelle aucun pas n'a de sens sans les autres pas qui sont dansés autour de lui.

La seule façon dont les physiciens peuvent nous montrer même un tout petit peu de cette danse, c'est de la briser d'une manière telle qu'ils arrivent à saisir les derniers pas de son motif. Ils lancent des tas de particules dans d'énormes pistes rondes, en fouettant leur vitesse pendant qu'elles tournent, pour aller finalement s'écraser sur une cible. On fait cela dans d'immenses machines que l'on nomme *cyclotrons*, les plus grosses machines au monde qui étudient les plus petits éléments. Lorsqu'ensuite on observe la cible, on y voit les dernières traces de la danse des petites particules, qui se dissolvent ou se séparent, ou s'envolent à la recherche de nouveaux atomes avec lesquels danser. Ces traces forment de magnifiques courbes et spirales.

Nous ne pourrons peut-être jamais parvenir à voir cette danse de l'énergie à son niveau le plus minuscule, ce qu'elle est lorsque nous ne la perturbons pas, mais nous savons avec certitude qu'elle existe, à l'intérieur des étoiles et des mers et dans nos propres corps. Tout ce qui existe, quelle que soit sa matière, est fait de cette danse, et toutes les danses de l'Univers entier sont tissées entre elles.

La prochaine fois que vous regarderez un rocher ou une chaise, essayez d'imaginer la danse de laquelle ils sont faits. Vous vous demanderez peut-être pourquoi ils ne volent pas en pièces pour s'éparpiller à tous les vents. La danse doit réellement être très bonne pour que cela ne se produise pas, comme si les danseurs se tenaient tous la main en tournant et en tissant, ou du moins qu'ils se regardent et gardent le pas pour que la danse ne se brise pas. Lorsque dans la vie, les gens dansent ensemble, cela signifie que personne ne tombe de la scène ou n'embrouille les autres en cafouillant.

Chaque partie de la matière, tout ce que nous connaissons, est un magnifique ballet fait d'innombrables mouvements invisibles de danseurs. Cette danse est trop petite pour qu'on la voie, et pourtant, elle est aussi vaste que tout l'Univers !

Cela amena quelques physiciens à se souvenir que les peuples anciens de l'Inde avaient nommé l'Univers, *la danse de Shiva*, et sa femme, Shakti. Shiva et Shakti étaient les noms du dieu et de la déesse qui sans cesse créent et recréent l'Univers en le dansant, pour qu'il soit. Ces anciens Indiens, de même que les anciens Chinois et quelques autres cultures anciennes, connaissaient d'une manière ou d'une autre ce que les scientifiques modernes ont seulement récemment appris : alors que la machinerie est faite d'éléments séparés, l'Univers ou la nature ne peuvent être brisés en morceaux. Des danseurs qui ne dansent pas ne forment pas une danse, et la danse de la nature vivante, de tout l'Univers, est Tout ce qui Est.

Maintenant, les physiciens conçoivent partout l'Univers de cette manière, qui nous montre que la matière est une danse de l'énergie, formant des figures sans fin. La « matière » est le design de cette danse. Partout aussi, les gens commencent à comprendre que nous sommes tous Un, tous individuellement et ensemble une seule danse énergétique, chacun d'entre nous affectant la vie des autres, chacun de nous cocréant notre danse maintenant et à jamais.

La plus grande question qui se pose en sciences à l'heure actuelle est peut-être celle qui renvoie à la nature de cette énergie de base de Tout ce qui Est. De même qu'ils ont cherché les plus minuscules particules « originelles » indivisibles à partir desquelles toute la matière de l'Univers est composée, les physiciens sont aujourd'hui en quête de cette énergie originelle. Il y a des physiciens qui croient qu'elle est ce que nous nommons la *conscience*, tout comme les sciences védiques de l'Inde l'affirmaient et l'affirment encore ; d'autres ne sont pas du même avis.

Nos yeux ne peuvent pas percevoir ces danses de la nature, à un niveau microscopique, telles que celles des rochers et des montagnes, et c'est pour cela que ces danses nous paraissent demeurer immuables pendant de longues périodes. D'autres, quand elles sont visibles, modifient leurs motifs de manière graduelle, comme les fleurs et les enfants qui grandissent. Il est clair aussi que bien des motifs se transforment mutuellement, comme lorsque les gens construisent des maisons et que des tremblements de terre les détruisent.

En sachant tout cela de l'Univers et de notre monde, nous pouvons voir qu'il ne s'agit pas d'une grande machine faite de plus petits mécanismes. L'Univers ressemble beaucoup plus à quelque chose de véritablement vivant, une grande et magnifique danse dans laquelle chacun joue son rôle. Se pourrait-il que ce soit nous et tout le reste de l'Univers qui fabriquions cette danse, au fur et à mesure de nos vies ?

4
La danse de l'ADN

Les physiciens n'étaient pas les seuls scientifiques à être surpris. Les biologistes qui étudient le vivant (« bio » vient du mot grec *bios*, qui signifie « vie ») croyaient eux aussi qu'ils étudiaient des mécanismes dont on pouvait comprendre le fonctionnement.

Après que le microscope ait été inventé, les biologistes virent que le vivant était fait de toutes petites cellules entourées de parois. À l'intérieur de celles-ci, on voyait des éléments encore plus petits, qu'ils nommèrent *organites*, et qui paraissaient flotter dans une sorte de matière visqueuse qu'ils appelèrent *cytoplasme*. Il y avait deux types de cellules : celles toutes petites que nous connaissons comme étant des bactéries, et les autres, beaucoup plus grosses, qui contiennent une masse sombre près de leur centre. On les appelle des *cellules nucléées*, puisque les biologistes ont appelé *noyau* cette masse du centre, tout comme les physiciens utilisaient ce même terme pour le centre de l'atome. Retenez ces deux types de cellules : de minuscules bactéries et des cellules nucléées beaucoup plus grandes.

Plus tard, lorsque nous reparlerons de la Terre en tant que Gaïa, nous verrons qu'elle pourrait elle-même être véritablement une gigantesque cellule, où de minuscules cellules ont évolué à sa surface et dans les airs. Lorsqu'on regarde la Terre depuis l'espace, et on le peut maintenant, il n'est pas difficile de l'imaginer comme une gigantesque cellule vivante. Pour l'heure, gardons simplement cela en mémoire tandis que nous apprenons davantage de ces minuscules cellules terrestres.

Bien sûr, toutes les cellules sont beaucoup plus grosses que les atomes, dans la mesure où elles sont elles-mêmes faites d'atomes. Les groupes d'atomes se maintiennent ensemble pour former les molécules, et les molécules forment à leur tour les substances chimiques dont sont faites les cellules. Les molécules les plus importantes sont faites de protéines (pensez à de la viande), de lipides (pensez aux graisses) et d'acides (pensez au vinaigre), en particulier l'ADN et l'ARN, dont nous parlerons bientôt. Les molécules, en tant que grands ensembles d'atomes, se relient pour former la danse vivante des structures chimiques actives et des activités cellulaires. Chacune de vos cellules nucléées est aussi complexe qu'une grande ville humaine, une ruche bourdonnante d'activités incroyables.

Lorsque la Terre était encore jeune, les premières molécules se sont connectées en des danses simples tout en flottant dans les mers et en étant poussées par les vents. Certaines de ces premières danses sont peut-être devenues les premières cellules, alors qu'elles étaient piégées dans de minuscules bulles de lipides au bord de la mer. Le soleil et la pluie les ont mouillées et séchées, chauffées et refroidies, faisaient craquer et se reformer les bulles. Ces bactéries anciennes qui croissaient en se nourrissant de molécules de sucres et d'acides flottant dans les mers chaudes et peu profondes seraient ainsi devenues les premières créatures unicellulaires de Gaïa.

Leurs parois lipidiques rebondissaient sur l'eau de mer dans laquelle elles flottaient pour éviter de se dissoudre, de même qu'une goutte d'eau sur le beurre roule sans se rompre. Les cellules gardèrent une quantité tout juste suffisante d'eau en elles pour que leurs propres molécules puissent se déplacer et effectuer leur travail. On pouvait difficilement détecter toutes les composantes cellulaires au microscope, mais les biologistes découvrirent quelque chose de très important au sujet du noyau.

Toutes les cellules peuvent se reproduire en se divisant en deux. Les biologistes observaient que, juste avant la division de l'une des plus grandes cellules nucléées, le noyau se divise lui-même en deux. À la différence d'un noyau atomique, qui se divise seulement en explosant, la moitié des cellules du noyau s'éloigne tranquillement de l'autre moitié. Ensuite, la paroi cellulaire s'abaisse entre les deux moitiés du noyau jusqu'à ce que chacune soit entourée d'une paroi ou d'un sac qui lui est propre, avec sa part de cytoplasme et d'autres éléments cellulaires.

Ainsi, une cellule devient deux. Mais ce qu'il y a d'étrange au sujet de ces deux nouvelles cellules, c'est que chacune d'entre elles contient un noyau aussi gros que le noyau d'origine. Comment le noyau a-t-il pu provoquer cet acte magique de se diviser en deux et que chaque moitié atteigne la taille du tout ? Imaginez des tartes qui puissent être divisées de cette façon lorsqu'on les partage !

Les scientifiques avaient remarqué que le noyau était rempli de masses sombres qu'ils nommèrent *chromosomes*. Ils suspectèrent que les chromosomes étaient des éléments cellulaires qui, d'une manière ou d'une autre, portent les caractères transmis à chacun de nous à partir de deux longues lignées d'ancêtres qui se sont croisées avec nos parents, et qui nous les ont passés, tels des yeux bleus, des cheveux roux, un estomac fragile, des talents artistiques, l'intelligence et tout ce qui nous rend uniques.

Si ces chromosomes étaient porteurs de caractères, ils devaient être formés de plus petits éléments que les biologistes appelèrent *gènes*, et ce, avant même qu'ils puissent les voir. Ils tentaient, tout comme les physiciens, d'appréhender les cellules en tant que machines, en recherchant leurs plus petites parties et en observant la manière dont elles avaient été assemblées.

Lorsque le microscope électronique fut inventé, les microbiologistes purent observer l'intérieur des cellules plus clairement, et ils trouvèrent que chaque masse chromosomique était en réalité un très long fil soigneusement enroulé. Puis ils comprirent que chacun de ces fils était comme un très long zip, entortillé dans une longue spirale. Ils étaient enfin parvenus jusqu'aux molécules les plus simples, puisque chaque zip entortillé était en fait une très longue molécule composée d'amas d'atomes collés ensemble, une molécule complexe d'acides, qu'ils nommèrent *ADN*.

Quelque chose de bizarre se produit dans l'ADN lorsqu'une cellule est prête à se diviser, mais pas si bizarre pour un zip. Il s'ouvre et sépare les molécules en plein dans leur milieu ! Mais, comme pour un vrai zip, la moitié d'un brin d'ADN est inutile.

Dans chaque moitié du zip, chaque petite dent auparavant verrouillée avec une autre dent de l'autre moitié commence à agir comme un aimant. La dent attire vers elle, d'autres « dents » en suspension dans la soupe cellulaire, jusqu'à ce que l'une d'elles se colle à elle. Mais les dents ne sont pas toutes semblables. Elles sont de quatre types, et chacune agit comme un aimant, seulement pour celles qui ressemblent à leur partenaire précédent.

Nous pouvons visualiser cette danse des zips de l'ADN comme celle dansée par des gens. Le premier zip est une longue ligne double formée de couples. Chaque couple se tient les mains et demeure en ligne derrière le couple qui se trouve devant lui. Imaginez que les danseurs portent des costumes de quatre couleurs différentes ; il y en a donc des verts, des bleus, des rouges et des jaunes. Les verts dansent toujours avec les rouges, et les jaunes avec les bleus.

Puis les partenaires, couple après couple, se lâchent les mains en partant du début de la ligne. La double ligne se défait tel un zip, alors que chaque moitié demeure en ligne pendant que la danse se poursuit avec deux longs cordons de danseurs solitaires en vert, en rouge, en jaune et en bleu.

Imaginez maintenant que plusieurs de ces danseurs solitaires habillés de ces mêmes quatre couleurs montent sur scène et dansent parmi les deux lignes de danseurs. Chaque danseur en ligne choisit un nouveau partenaire parmi les nouveaux danseurs, toujours de la même couleur que son ancien partenaire. Lorsque tous les danseurs des deux lignes ont choisi leur nouveau partenaire, il y a deux doubles lignes qui ont le même motif de couleur que lorsque la danse a débuté.

Dans la danse de l'ADN, on trouve maintenant deux molécules complètes d'ADN pour chaque molécule. Elles pourront ainsi s'enrouler ensemble en deux séries complètes de chromosomes ou deux noyaux complets, un pour chacune des deux nouvelles cellules qui seront formées. Lorsque la cellule d'origine se divise, la moitié de ses organites se dirige alors vers chaque nouvelle cellule, et plusieurs autres organites sont fabriqués, jusqu'à ce que chaque nouvelle cellule atteigne la même taille que la cellule d'origine.

Comme si cela n'était pas assez miraculeux, pensez à ceci : dans chacune de vos cellules, si l'on étirait le fil invisible d'ADN, il mesurerait environ deux mètres de long. En prenant l'image de nos danseurs, il y aurait trois milliards (trois mille millions) de couples de dents de zip dans chaque cellule. Le fil de l'ADN est beaucoup plus fin que le cheveu le plus fin d'une chevelure de bébé ou encore d'une toile d'araignée, à un point qu'on ne peut imaginer. Maintenant, voyez votre ADN dans vos 50 à 100 trillions de cellules, qui s'étire en un seul fil, et imaginez un pilote de ligne qui le longe jour et nuit. Vous aurez du mal à le croire, mais ce pilote devrait voler pendant 10 000 ans pour aller jusqu'au bout de votre fil d'ADN.

Si vous n'y croyez pas, vous pouvez, ou quelqu'un de bon en maths que vous connaissez, multiplier les deux mètres du brin par vos 50 à 100 trillions de cellules, et les diviser par la vitesse normale d'un jet, soit 500 km/heure, afin de calculer le nombre d'heures de vol du pilote. Puis, voyez la suite, mais souvenez-vous que ce très long fil que le pilote longe est en fait coupé en morceaux de deux mètres et entassé dans les petits noyaux invisibles de chacune de vos cellules, en plus des protéines et de l'eau ! N'est-ce pas génial que quelque chose d'aussi petit qu'une cellule puisse être si fantastiquement complexe ? Attendez de voir ses organites !

Si l'ADN transporte nos caractères, il est donc très important de le copier de manière exactement identique lors de chaque division cellulaire. Sinon, nous ne pourrions pas demeurer nous-mêmes en grandissant depuis la première cellule qui s'est divisée en 2, en 4, en 8, en 16, en 32, en 64, et ainsi de suite jusqu'à nos 50 à 100 trillions de cellules ! Nous ne pourrions pas non plus passer à nos enfants ces caractères dont nous avons hérité.

Mais l'ADN ne peut pas simplement être copié comme nous l'avons cru. La véritable histoire est beaucoup plus complexe et fascinante. Pour comprendre le rôle de l'ADN, nous devons parler d'un autre type de molécules, appelé *protéines*.

Lorsque vous vous regardez dans un miroir, en gros, vous voyez des protéines. La peau, les cheveux, les yeux, les muscles, le sang, les nerfs, les parties de vos os et de vos organes internes sont tous faits de cellules, et ces cellules sont faites principalement de protéines, bien que certaines puissent emmagasiner beaucoup de graisse inactive. Une autre façon de le voir, c'est qu'après l'eau et la graisse, ce sont les protéines que l'on retrouve en plus grand nombre dans le corps.

Les biologistes estiment qu'il existe environ 50 000 sortes de molécules de protéines dans nos cellules. L'ADN est la molécule magique qui contient les instructions ou les codes pour *fabriquer* ces protéines. Chaque portion d'ADN qui code une protéine s'appelle un *gène*. Vous vous souvenez des danseurs ? Les motifs de leurs couleurs le long des lignes représentent les instructions pour produire les protéines. Chaque gène est une unique « séquence de danse » de l'ADN encodée pour un type particulier de protéines.

En fait, ce sont les protéines qui s'enroulent et se déroulent autour des molécules d'ADN pour les emballer en chromosomes, puis les dérouler et les ouvrir lorsqu'arrive le temps de les diviser. Les molécules cellulaires spécialisées doivent trouver les gènes qui leur correspondent afin de produire les protéines nécessaires à la cellule. Sans ces protéines, l'ADN serait assez inutile puisqu'il ne peut pas se déplacer de lui-même, un peu comme un libraire avec ses piles de livres remplis d'informations utiles, mais que personne ne peut lire ou utiliser.

Les ordinateurs devinrent les nouvelles technologies en vogue au moment où les biologistes cherchaient encore à comprendre ce qu'était l'ADN. Ils purent bientôt en parler comme de l'ordinateur central de la cellule, qui, en quelque sorte, programmait son fonctionnement.

Tout comme les physiciens, ils sont formés à utiliser ce type de langage mécanisé. En clarifiant le rôle des protéines, ils persistèrent donc à les percevoir comme de la « mécanique moléculaire » qui transportait les commandes de l'ordinateur nucléaire.

Quand on perçoit la vie comme une danse plutôt qu'une mécanique, l'on peut mieux imaginer l'ADN comme une librairie dans laquelle les livres doivent être lus et utilisés pour que le travail se fasse. Les multiples sortes de protéines présentes dans une cellule semblent savoir et communiquer ce qui doit être fait, où et à quel moment le faire. Pensez-y comme à des réseaux sociaux. Elles partagent l'information avec les types de protéines qui peuvent trouver des « livres gènes » et les copier en molécules d'ARN, versions plus courtes et plus simples d'ADN. L'ARN est ensuite transporté par des protéines vers d'autres protéines, qui sont assemblées en organites appelés *ribosomes*, qui eux peuvent bâtir de nouvelles protéines à partir des motifs de l'ARN.

L'ADN et les molécules de protéines dansent ensemble la danse de la vie. L'ADN emmagasine l'information comme des recettes et des empreintes, information que certaines protéines utilisent afin de produire le grand nombre de types de protéines qui sont présents dans chaque cellule. Chaque espèce végétale et animale a son propre motif d'ADN, sa propre série d'instructions dupliquées dans chacune de ses cellules lorsqu'elle se divise, depuis la graine ou l'œuf d'origine jusqu'à la plante ou l'animal entiers. Le jour où les biologistes ont pu distinguer une série de gènes d'une autre, ils ont été en mesure de distinguer également une espèce de l'autre. Nous savons donc avec certitude qu'une rose n'est pas un lys et qu'un chat n'est pas un chien.

Les protéines peuvent s'abîmer ou s'user, puisqu'elles effectuent la totalité du travail cellulaire, et elles doivent donc être remplacées. Si vous avez déjà vu une déchiqueteuse qui broie les arbres en copeaux, imaginez-en une qui produise des arbres vivants à la place de copeaux ! Difficile à imaginer, n'est-ce pas ? Eh bien, c'est exactement ce qui se produit dans nos cellules. Les protéines inutiles sont recyclées en protéines neuves et saines jour et nuit, par le biais de centres de recyclage protéiques, environ 20000 par cellule, qui séparent et retissent leurs éléments en de nouveaux touts, vivants. Comment les protéines qui sont organisées dans de tels centres savent-elles quelles autres protéines recycler et quoi faire ?

Plusieurs types de protéines sont nécessaires à la réalisation de ces tâches. En les comprenant de mieux en mieux, les scientifiques découvrent que ce sont elles, les molécules futées de la nature, peut-être suffisamment futées pour avoir inventé l'ADN ! Cela leur aurait été très utile, après tout, d'avoir des librairies d'informations pour se reproduire, dans la mesure où elles doivent se reconstruire chaque fois à partir de rien, étant incapables de se diviser comme les cellules.

Les scientifiques peuvent identifier et cartographier les types d'atomes dans les molécules de protéines et la manière dont ils sont reliés en chaînes et repliés en motifs complexes. Ils peuvent aussi retracer les activités complexes des protéines dans les cellules, et ils peuvent même voir qu'elles « communiquent » entre elles. Mais ils ne comprennent toujours pas comment elles savent ce qui doit être fait, à quel moment et comment le faire. De ce fait, ils ne savent pas non plus à quoi sert la plupart de notre ADN. Il se trouve que l'ensemble des gènes codant les protéines trouvées par les scientifiques représentent moins de cinq pour cent de l'ADN cellulaire. On en sait peu sur les 95 % restant. Heureusement, nous n'avons pas à connaître leur fonctionnement, puisque nos protéines savent comment reconstruire l'ADN et s'occuper de la santé de nos cellules !

5
La danse des organites

On croyait que les organites cellulaires placés à l'extérieur du noyau étaient des mécanismes programmés par l'ordinateur nucléaire pour activer les cellules et leur permettre d'effectuer leur travail, soit la transformation de la nourriture en énergie, la construction de nouvelles composantes, l'évacuation des déchets et le transport des matériaux qui lui permettent de se préparer à la division. Ces organites étaient certainement de petites machines très efficaces. Puis, les biologistes découvrirent quelque chose d'étrange qui ne se conformait pas vraiment à l'image d'une machine.

Quelques-unes des petites « machines » qui entourent le noyau sont dotées de leur propre ADN. Ce dernier diffère de celui que l'on trouve dans le noyau et grâce auquel on identifie l'espèce humaine. Il ressemble pourtant beaucoup à d'autres types d'ADN que les biologistes connaissaient déjà. Cet ADN avait été repéré dans de minuscules bactéries quasiment identiques aux premières bactéries dont nous avons parlé précédemment, alors que la Terre accueillait ses toutes premières créatures, il y a des milliards d'années.

Or, si ces petites « machines » sont dotées de leurs propres instructions d'ADN, alors, elles doivent elles-mêmes être des créatures. Il semble en fait qu'elles sont les descendantes en ligne directe des anciennes bactéries qui se sont reproduites presque sans erreur, depuis des milliards d'années. De plus, elles vivent au sein des cellules de chaque type de créatures faites à partir de cellules nucléées, soit dans les champignons, les plantes, les animaux et nous. Il est à peu près temps que nous les appelions par leur nom. Il s'agit des *mitochondries*, mot grec qui signifie « fil-grain », car sous le microscope, elles ont l'air de tous petits grains remplis de fil.

Mais que viennent donc faire toutes ces mitochondries dans nos corps ? Elles nous maintiennent vivants !

C'est ce qu'il y a de plus merveilleux. Sans que nous ayons à lever le petit doigt. Si elles nous laissaient, nous mourrions. Le biologiste Lewis Thomas, le premier à appréhender la Terre comme une cellule géante, riait à l'idée que la vie soit faite comme une vieille machine. Il affirma que les mitochondries n'étaient ni des machines ni des parties de machines ; que s'il en existe dans la nature, il se pourrait bien que nous en soyons. Il a émis l'idée selon laquelle nous pourrions être de gigantesques taxis que ces anciennes bactéries ont construits afin de pouvoir se déplacer en toute sécurité. Ce n'est peut-être pas si fou que ça en a l'air, car nous verrons plus tard qu'elles ont, en fait, inventé les moteurs électriques !

Elles ont certainement bien réussi puisqu'elles se sont multipliées de par le monde vivant, et ce, quasiment depuis son commencement. Il y a en moyenne mille mitochondries dans chacune de nos cellules. Elles pourraient représenter à elles seules la moitié de notre poids, la moitié de celui des éléphants, des insectes, des moules, des singes, des lézards, des poissons et des vers.

Cela veut dire qu'une grande partie de nous tous, créatures multicellulaires, sommes faits du même type d'anciens microbes. Les êtres vivants trop petits pour être vus sans microscope, incluant les bactéries, les virus et les cellules à un seul noyau, sont appelés *microbes*.

Vous devez vous demander comment les mitochondries peuvent nous garder en vie, de manière à ce que nous ne puissions vivre sans elles. Depuis les temps les plus reculés, elles ont été expertes à fabriquer l'énergie qui permet aux créatures de croître et de fonctionner. Elles la produisent à partir de la nourriture que nous mangeons et de l'air que nous respirons. Des nuées de ces petites mitochondries amicales y travaillent jour et nuit, sans aucun répit.

En fait, nous pourrions les appeler *nos banquiers cellulaires*. Avez-vous déjà entendu dire que l'argent était de l'énergie ? Eh bien, les mitochondries amassent cette énergie dans les molécules d'ATP (adénosine triphosphate) et envoient celles-ci partout dans la cellule, là où elle est en demande. Les molécules d'ATP sont des cartes de débit, des cartes bancaires téléchargées d'argent à dépenser. Les protéines « ouvrières » que l'on appelle *catalyseurs* utilisent ces cartes pour l'ensemble des activités cellulaires.

Lorsqu'elles ont dépensé l'argent-énergie téléchargé sur leurs cartes, elles les rapportent aux banquiers afin de les recharger. Elles n'ont jamais d'intérêts à payer ni d'argent à rembourser. Les banques de mitochondries émettent tout simplement la quantité exacte d'ATP nécessaire à la bonne marche de l'économie cellulaire. Que diriez-vous si nous, les humains, détenions un tel système monétaire gratuit, qui serait là pour régler et réguler sans endetter les gens ? Plusieurs systèmes monétaires alternatifs (recherche facile sur Google) expérimentent avec succès cette façon de procéder.

Chez les végétaux, depuis les algues jusqu'aux marguerites, aux pommes de terre et aux chênes, les mitochondries cohabitent avec d'anciennes connaissances nommées *chloroplastes*. Ces derniers descendent également des bactéries anciennes et sont experts à fabriquer de l'énergie à partir du Soleil, ce qui donne aux plantes leur couleur verte. Ils se nourrissent de dioxyde de carbone (CO_2) pour fabriquer l'énergie ATP, et rejettent de l'oxygène comme déchet. L'oxygène est justement ce dont les mitochondries ont besoin pour fabriquer l'argent-énergie ATP, alors qu'elles rejettent le dioxyde de carbone. Ainsi, les deux fonctionnent très bien ensemble.

Les végétaux et les créatures unicellulaires qui contiennent des chloroplastes produisent donc de l'oxygène, tandis que les mitochondries de toutes les créatures relâchent du dioxyde de carbone. C'est de cette façon que l'air de la Terre, qui contient ces deux gaz, nourrit la vie même qui les a produits. Cette danse coopérative, que nous verrons en détail plus tard, fait des chloroplastes et des mitochondries les êtres les plus importants sur Terre, bien qu'ils soient les plus petits et les moins visibles.

Depuis qu'ils ont été découverts au microscope par les scientifiques, les gens font référence aux microbes comme à des choses qui les rendent malades, alors qu'ils sont en fait, pour la plupart d'entre eux, amicaux et aidants.

Chacun de nous n'est pas tant un seul être qu'une grande colonie de microbes qui coopèrent. Nous ne connaissons pas encore toutes les sortes de microbes qui cohabitent en nous. On y trouve des mitochondries cellulaires, mais aussi les bactéries amicales partout sur notre peau et dans nos intestins. Les scientifiques les considèrent de plus en plus comme des éléments nécessaires, sans lesquels nous ne pourrions pas vivre.

Les bactéries intestinales digèrent la nourriture et nous protègent des bactéries et des virus nuisibles en activant notre système immunitaire. Nous devons être plus attentifs à la façon dont nous les alimentons, et leur fournir une nourriture saine plutôt que de les stresser avec de la malbouffe.

Si vous étiez aussi petit qu'une mitochondrie et que vous vouliez jeter un œil dans l'une de vos cellules, vous pourriez les entendre murmurer, claquer et tapoter les rythmes de leur danse énergétique. Vous verriez que les réserves, les déchets et l'information se déplacent grâce à des passages pratiqués dans les parois cellulaires. Vous savez maintenant qu'il pourrait y avoir un millier de banquiers dans chaque cellule, de même que 20 000 centres de recyclage, et vous pouvez donc plus facilement imaginer chaque cellule comme une grande cité humaine.

Dans chacune de nos cités-cellules, des centaines de milliers d'événements se produisent, chaque seconde de chaque journée, et même pendant notre sommeil. À la différence des machines, la vie ne s'arrête jamais pour se reposer. Et à la différence des machines, nos protéines, incluant les lecteurs de l'ADN, les banquiers et les recycleurs, ne sont pas créées et gérées par des ingénieurs mécaniques intelligents ou encore des informaticiens programmeurs, mais elles sont elles-mêmes intelligentes !

Souvenez-vous des danses merveilleuses des atomes, en eux et entre eux, puis entre les molécules et en elles, et maintenant entre les organites cellulaires et les autres microbes qui vivent en nous et sur nous. Cette danse, comme vous le verrez, est tissée partout sur notre planète et probablement sur un nombre incalculable d'autres planètes de l'Univers. La même information de l'ADN trouvée dans nos cellules a été échangée parmi tous les microbes, les champignons, les plantes et les animaux partout sur notre belle Terre, tout au long de sa vie, et toujours à l'aide de ces protéines intelligentes !

Nous verrons ensuite comment cette danse de la vie a débuté. Mais pour pouvoir raconter cette histoire, il nous faut retourner au moment avant que la Terre n'existe. Ou, comme les anciens conteurs grecs disaient, revenir au temps avant que Gaïa ne commence à danser, lorsqu'il y avait ce Néant.

6

Comment Gaïa commença sa danse

L'ancien conteur qui a nommé le début de l'Univers le grand Néant aurait aussi bien pu l'appeler *le Grand Tout ce qui Est.* Comment quelque chose peut-il être à la fois tout et rien ? On dirait une charade. Mais notre conteur avait compris que, lorsque rien n'existait encore, il y avait pourtant la possibilité que tout vienne à exister. C'est la raison pour laquelle les Grecs anciens appelaient l'Univers original *chaos*, soit la possibilité du tout dans le Néant. Une fois que les choses vinrent à exister, l'Univers fut nommé *cosmos*, ce qui signifie « le motif du Tout ce qui Est ».

La manière exacte dont les toutes premières choses vinrent à l'existence demeurera probablement à jamais un magnifique mystère à nos yeux, trop grand pour que nous puissions réellement le comprendre. Les scientifiques eux-mêmes, lorsqu'ils tentent de l'expliquer, ont l'air de parler en charades. De nos jours, plusieurs d'entre eux croient que l'Univers a débuté par une énorme et incroyable explosion d'énergie, et ce, à partir d'un seul point. Ils disent pourtant que cet unique point se situait partout à la fois dans l'Univers. De telles charades prennent naissance parce que le temps et l'espace grâce auxquels nous pouvons dire quand et où les choses se produisent n'existaient pas lorsque l'Univers débuta.

La plupart des scientifiques croient que l'Univers a été créé à partir d'un seul big bang d'énergie. Un nombre croissant d'entre eux pense que cela a commencé par de légères ondulations d'énergie, qui se sont transformées en un champ ou une mer d'énergie, infinis. Ils s'accordent tous à dire que l'Univers est fait d'énergie, alors, commençons avec cela.

On peut penser à l'énergie comme à un clavier sur lequel les notes les plus élevées correspondent à celles que nous ne pouvons voir, mais que nous expérimentons clairement, et que nous appelons *conscience, âme* ou *esprit*. Dans la partie médiane du clavier, cette énergie s'est ralentie pour devenir de l'énergie électromagnétique, que nous pouvons percevoir partiellement comme la lumière et la couleur. Sur les notes plus basses du clavier, comme Einstein l'a démontré, l'énergie s'est ralentie à un point tel que nous sommes capables de la voir et de la sentir en tant que matière, un matériau si dense que nous pouvons nous asseoir dessus et nous y cogner les orteils.

Imaginez-vous comme un être qui joue sur le clavier entier de la matière, de l'énergie et de l'esprit, tout comme un danseur et une danse ne sont qu'un. La danse n'existe pas sans le danseur et le danseur n'existe pas sans la danse. Vous êtes à la fois un être matière-énergie-esprit et la danse de votre vie.

Si, tout comme nous, l'Univers entier est un clavier d'énergie, alors nous pouvons mieux saisir pourquoi les physiciens à la recherche des plus petites particules indivisibles de l'Univers ont découvert qu'elles étaient en fait des danses d'énergie pure et pas du tout solide. C'est comme si ce qu'ils poursuivaient sur les notes basses du clavier prenait en fait sa source sur les notes les plus élevées !

Il est important de comprendre que la danse des particules au sein des atomes qui se combinent pour devenir molécules ainsi que toutes les danses d'énergie plus grandes de notre monde familier font partie d'une danse universelle encore plus vaste. En évoluant, les pas de cette danse le long du clavier sont peu à peu devenus des figures d'une beauté et d'une complexité croissante.

Le terme *évolution* est celui que nous utilisons pour décrire la manière dont une danse évolue avec le temps, tout comme les biologistes utilisent ce même mot pour décrire les changements de la Terre et de ses créatures dans le temps. C'est exactement pour cette raison que ce livre conte l'histoire de l'évolution de la Terre comme une grande danse.

Nous connaissons déjà les plus petites particules qui font équipe entre elles pour former les motifs les plus élémentaires, soit les atomes. Nous comprenons donc que la matière est faite de pure énergie. Les atomes les plus élémentaires des débuts de l'Univers ont tournoyé sous forme de grands nuages gazeux et d'étincelles de lumière, comme si les danseurs s'entrechoquaient.

L'énergie de chaque danseur combine les grandes forces universelles que nous appelons *rayonnement*, ce qui se déplace vers l'extérieur pour séparer les éléments, et *gravitation*, ce qui les attire les unes vers les autres. Ces forces ont entraîné les particules dans une danse rapprochée d'atomes, ou bien les ont largement dispersées. Le rayonnement et la gravitation ont formé entre eux des nuages d'atomes gazeux, créant ainsi de superbes motifs tournoyants, ce qui fut le début des galaxies.

Nous utilisons le mot rayonnement pour décrire la lumière. Nous parlons des rayons solaires qui se déplacent à partir de son centre vers l'extérieur. Le rayonnement *est* le mouvement extérieur de la danse de l'énergie. Même lorsqu'elle est trop faible pour que nous puissions la voir, nous pouvons tout de même la sentir sous forme de chaleur, comme celle dispensée par un radiateur ou par nos propres corps.

Les télescopes ne nous dévoilent que l'énergie de rayonnement, telle la lumière stellaire, et ils ne peuvent donc que nous montrer le mouvement vers l'extérieur, l'expansion de l'Univers. Nous connaissons son mouvement invisible vers l'intérieur, son « magnétisme », la gravitation. On ne peut jamais la voir, mais on la sent nettement. Nous sentons que la gravitation terrestre nous attire de par notre propre poids. Le terme *magnétisme* signifie habituellement « cette force d'attraction puissamment ressentie », mais les vrais aimants ont en règle générale deux pôles, tout comme la Terre, qui combinent ainsi les forces d'expansion et de contraction, de répulsion et d'attraction.

On a d'abord identifié l'électromagnétisme (EM) à partir de phénomènes naturels comme les éclairs. Ceux-ci se forment lorsque les collisions internes des danseurs électrons sont suffisamment fortes pour déclencher une explosion lumineuse extérieure. La capture et le contrôle de cette danse nous ont donné l'électricité, ce qui nous a été utile pour quantité de choses et a totalement transformé nos modes de vie.

Si les Anciens avaient pu voir se former les galaxies comme nous pouvons aujourd'hui le faire grâce à de puissants télescopes, ils auraient appelé cela *le début de la danse de Gaïa*, la première vision des voiles en spirale à partir desquels les étoiles et les planètes se formeraient. Nous ne pouvons que nous demander comment ils connaissaient ces figures sans avoir de télescopes.

Au sein de ces voiles gazeux en spirales, la force de gravitation a peu à peu resserré entre eux un grand nombre d'atomes. Ils ont alors commencé à former des ballons libres, tout comme la poussière sous les lits lorsque la brise les soulève. Au centre de ces ballons, les atomes se sont heurtés mutuellement avec une telle puissance, qu'à force de se pousser et de se bousculer, la chaleur s'est accrue. Ces grands ballons se sont alourdis et se sont mis à luire du fait de leur chaleur interne. C'est ainsi que les boules gazeuses géantes sont devenues des étoiles.

Les grandes galaxies se sont formées, étincelantes d'étoiles innombrables de toutes tailles. Chaque étoile que nous observons la nuit dans notre ciel se trouve au sein de notre propre galaxie, la Voie lactée, issue du mot grec « laiteux » : *galaxis*. Nous pouvons seulement observer un petit nombre d'entre elles. Bien au-delà se trouvent d'autres galaxies remplies d'étoiles, et toutes les galaxies de l'Univers dansent ensemble en formant des motifs, tout comme les particules dansent au sein des atomes.

Les danses des particules et des atomes, des galaxies et des amas galactiques, représentent à la fois les plus petites et les plus vastes des figures de danse que nous connaissons. Quand elles interagissent, elles tissent entre elles de nouvelles figures de taille intermédiaire, telles que notre Terre et nous-mêmes. D'une façon ou d'une autre, les Anciens l'avaient compris : « Ce qui est en haut est comme ce qui est en bas. »

Lorsque l'intérieur d'une étoile commence à s'agiter, comme une salle de danse totalement surpeuplée alors que la musique se fait forte et rapide, les atomes coincés sont dès lors écrasés et se transforment en de nouveaux types d'atomes plus lourds et plus gros. Chaque type d'atomes, nommé *élément*, possède un motif unique de particules en lui et autour de son noyau, comme nous l'avons vu lorsque nous avons décrit la danse des atomes.

Il arrive que des étoiles entières explosent du fait de la pression, projetant leurs nouveaux et leurs anciens atomes dans l'espace, sous forme de gaz et de poussière lourde. Les étoiles qui explosent sont appelées *supernovæ*. Leurs gaz tournoient et forment ainsi de nouvelles étoiles et des planètes gazeuses, tandis que leur poussière peut s'assembler en boules de matière, plus petites et plus lourdes, qui deviendront des planètes à l'état solide. La force de gravitation retient les planètes autour des nouvelles étoiles formées par l'explosion de la supernova.

Notre planète Terre a presque certainement été formée en même temps que le reste du système solaire, après qu'une telle explosion soit survenue il y a environ 5 milliards d'années. Nous pouvons l'affirmer en observant les explosions qui se produisent encore dans les tout petits atomes autour de la Terre, et même dans nos propres corps. Ces micro-explosions sont en fait des restes de la supernova qui a donné naissance à notre système solaire, bien qu'elles soient trop petites pour que nous puissions les voir, les sentir ou les noter.

La plupart des atomes issus d'étoiles ayant explosé en supernova sont stables ; d'autres, tels certains types d'atomes de potassium, sont instables, et continuent « d'exploser » depuis des milliards d'années en ce que nous appelons la *radioactivité.* Les atomes de ce potassium radioactif explosent en nous environ 12 000 fois par seconde. Ils rendent en fait nos corps radioactifs, et un petit pourcentage de cancers pourrait provenir de ces explosions, mais dans l'ensemble, ils ne causent pas de problèmes puisqu'ils sont minuscules et qu'ils n'entraînent pas de réactions en chaîne, ce qui les rendrait dangereux.

La plupart de nos atomes sont beaucoup plus stables, en dépit de la danse vivante qui a lieu en eux, mais tous, proviennent des étoiles. Nous n'aurions jamais existé sans les étoiles. La poussière d'étoiles n'est pas qu'un conte de fées ; elle est réellement ce dont nous sommes faits !

Les nouvelles étoiles se forment, croissent et se transforment en vieillissant, puis elles finissent par mourir. Certaines se consument, s'effondrent ou se refroidissent. D'autres explosent, éparpillant leur matière dans l'espace comme les graines qui jaillissent d'une gousse, et forment à leur tour de nouvelles planètes et de nouvelles étoiles, tout comme nous l'avons vu. Les astronomes qui étudient les étoiles constatent que leur danse est aussi réelle que la danse des atomes, et ils parlent de plus en plus de la « vie » des étoiles plutôt que de la machine de l'Univers.

Plus nous en apprenons, moins l'Univers nous apparaît comme une machine géante, et plus il semble être pleinement vivant, créant pour lui et prenant soin de lui.

Nous en venons à expliquer scientifiquement ce que les gens connaissaient comme des histoires des temps anciens.

Souvenez-vous du mythe de la danse de Gaïa, qui a d'abord tournoyé dans l'espace. Sa danse a créé les mers, comme la sueur de son corps, puis l'air du ciel, avant qu'elle ne donne naissance aux forêts, aux animaux et aux gens. Or, les scientifiques ont découvert que la Terre était venue au monde comme un corps planétaire tourbillonnant, créant ses propres mers, son atmosphère et ses créatures.

Un peu de cette poussière de supernova qui a donné naissance à notre système solaire s'est rassemblée en une boule-Terre, qui s'est peu à peu alourdie et s'est mise à tourner de plus en plus vite. La chaleur de la pression en a conservé une bonne partie en magma liquide brûlant, coulant autour d'un noyau métallique plus dense et plus lourd de fer et de nickel. Nous pensons maintenant que ce noyau contient d'énormes cristaux ferreux qui ressemblent à de gigantesques arbres entassés. Les minéraux les plus légers, tel le silicium, flottent à sa surface.

Le noyau et le magma liquide qui l'entoure produisent ensemble un grand champ électromagnétique autour de la Terre. Ce champ d'énergie est sa danse particulière, faite de danseurs de particules d'électrons, tout comme ceux qui se trouvent dans les atomes, mais qui dansent eux-mêmes leur propre danse et tracent des figures s'écoulant en larges anneaux et spirales, tout autour de notre planète. Ce champ est bénéfique à la Terre puisqu'il piège les particules provenant des « vents solaires », qui, autrement, la frapperaient et l'endommageraient. Il donne également aux oiseaux et aux navigateurs les directions nord-sud. Nous pouvons quelquefois observer la danse du champ énergétique électromagnétique sous forme de magnifiques aurores boréales.

C'est à l'intérieur de ce champ que la surface terrestre touche l'espace froid, et c'est ainsi que la croûte terrestre s'est formée alors que la planète était jeune et brûlante, un peu comme la peau d'un pudding qui se forme en refroidissant ou lorsque la graisse durcit sur une sauce. Sur Terre, cette peau est devenue aussi dure que de la roche, car c'est ce qu'elle était : une croûte de roche autour du noyau et du magma brûlants.

Tandis qu'elle tournoyait, cette croûte mince s'ouvrit à certains endroits et laissa suinter le magma intérieur sous forme de lave. La pression lui permit de s'échapper, et elle se divisa entre les atomes lourds qui, en refroidissant, se transformèrent en roches, les atomes gazeux, l'hydrogène et l'oxygène, unis en molécules d'H_2O qui formèrent de l'eau, et des atomes de gaz libres et de molécules suffisamment légères pour pouvoir s'éloigner de la surface planétaire. Ceux qui ne purent s'échapper formèrent l'atmosphère.

Les vapeurs d'eau chaude s'accumulèrent autour de la jeune Terre et refroidirent pour former de lourds nuages. Il se mit à pleuvoir abondamment. L'eau demeura en grande partie à la surface et recouvrit peu à peu la roche. La glace apportée par les comètes vint s'ajouter aux réserves d'eau de la Terre tandis qu'un nombre croissant de fissures laissait s'écouler la lave, et qu'ainsi la roche s'épaississait au sol.

Les nuages continuaient de s'amasser, les comètes continuaient de rendre visite à la Terre, et les mers s'approfondissaient. L'interaction du soleil et de la Terre engendra des orages parmi les nuages, ce qui complexifia les modèles climatiques. Ainsi, la danse énergétique électromagnétique se perpétua partout, depuis l'intérieur des atomes jusqu'aux grands champs terrestres et au Soleil lui-même.

L'électromagnétisme solaire qui s'écoulait vers la jeune Terre tournoyante rencontra celui qui provenait de son noyau, remodelant de nouvelles figures de danse à sa surface. La même force électromagnétique, qui maintient les particules danseuses des atomes en orbite autour du noyau, pouvait dès lors mêler les gaz légers et les poussières d'atomes à la surface de la nouvelle planète. Cette danse commune de la matière et de l'énergie créa de nouvelles associations moléculaires. Ce fut le début d'une chimie qui, plus tard, mènerait à la naissance de créatures, bien qu'il y avait encore un long chemin à parcourir.

Alors que la croûte terrestre s'épaississait et se durcissait, de nouvelles coulées de lave se produisirent avec une force accrue. Les volcans qui crachaient en l'air leurs entrailles fougueuses formèrent des montagnes, tandis que la lave refroidissait et que les cendres chaudes se déposaient. D'autres montagnes se formèrent quand des tremblements de terre firent craquer et coulisser la croûte, ou encore la gonflèrent sans que le magma ne puisse s'échapper.

Des roches glissèrent et s'ancrèrent dans le sable, et les rivières de pluie qui courraient sur la roche exposée creusèrent des rainures en elles, lavant le sable jusque dans les mers. Les rivières charrièrent elles aussi des sels et des minéraux qui provenaient des roches. C'est ainsi que les mers devinrent salines.

Les minces couches de gaz qui flottaient autour de la planète n'étaient pas comme l'air que nous respirons aujourd'hui. Ces gaz étaient fins et faits de mélanges différents, comme l'atmosphère de certaines planètes qui n'accueillirent jamais la vie, ou du moins dont la vie ne dura pas, comme sur Vénus ou sur Mars.

Si nous pouvions regarder en mode accéléré cette époque de l'histoire de la Terre, cela ressemblerait à la danse d'un être vivant qui essaie avec efforts de s'exprimer. Nous la verrions tourbillonner, se gonfler et soupirer des bouffées de vapeur. Nous verrions sa peau se soulever, retomber et glisser. Elle serait blessée par des météores venus de l'espace et pourrait sembler saigner avec sa lave rouge bouillonnante qui surgit de sa peau déchirée. Mais elle parviendrait toujours à se guérir, et peu à peu, elle bleuirait, avec ses mers qui grossissent et ses voiles de nuages qui s'épaississent.

La lumière solaire qui l'éclaire la ferait briller et luire dans l'obscurité de l'espace, jusqu'à ce qu'elle commence à ressembler aux photos que les astronautes peuvent prendre maintenant. Et comme certains d'entre eux l'ont dit, lorsqu'on la voit de loin, il est très difficile de ne pas croire que la Terre est vivante.

Il a bien entendu fallu plusieurs millions d'années pour que cela puisse se produire, et personne n'y était pour filmer. Mais nous pouvons utiliser notre imagination, en rassemblant ce que nous savons pour créer nos propres images de ces débuts.

Le mythe ancien de Gaïa a commencé avec cette image d'une déesse surgissant tournoyante de l'obscurité, enveloppée de voiles flottants. D'autres cultures anciennes ont eu des images similaires de ces débuts cosmiques, tel le mythe indien d'une déesse qui remue des tourbillons dans une mer de lait. Bien des images du début contiennent ce motif de base d'une grande spirale qui tournoie. Il est merveilleux que tant de peuples anciens aient pu sentir l'Univers comme une seule danse de l'énergie à partir de laquelle toute chose et toute créature du monde a pu émerger. La science moderne a mis bien du temps à découvrir cette même réalité.

Si notre conteur grec d'il y trois mille ans revenait à la vie et apprenait tout ce que nous savons maintenant, il n'aurait pas à beaucoup changer l'histoire. Gaïa, s'exprimant en tant que Terre, formerait les montagnes et les mers à partir de son corps tournoyant, tout comme le conteur l'avait déjà dit.

Comme nous le verrons bientôt, il n'a pas été facile pour la Terre de fabriquer l'air que nous respirons aujourd'hui. Aucune des autres planètes de notre système solaire n'a créé de mers, d'air et de créatures vivantes comme la Terre l'a fait. Il est maintenant clair pour nous que peu de planètes, parmi un grand nombre d'entre elles, peuvent créer une vie si abondante. Bien sûr, nous continuons à chercher la vie sur des lunes de notre système solaire et ailleurs parmi les étoiles. L'Univers est si vaste et contient tant d'étoiles et de planètes que seulement

« quelques » planètes habitées pourraient représenter des milliards d'entre elles !

Il se peut que Mars et Vénus, les planètes les plus rapprochées de la nôtre, aient essayé et échoué dans leur tentative de créer la vie. Il faut beaucoup de travail et de coopération pour que la vie s'installe avec succès sur une planète. Pour engendrer et faire croître des créatures vivantes, une planète doit être dotée de matériaux mobiles, comme le magma, l'eau et les gaz atmosphériques, afin de faire circuler et de recycler les réserves. Elle doit également se trouver à la bonne distance de son étoile pour que la température puisse permettre d'y accueillir la vie. James Lovelock, le scientifique qui nous a montré que la Terre était vivante et qui l'a nommée *Gaïa*, a fait remarquer que Vénus était trop chaude et Mars trop froid, alors que la Terre était tout juste à la bonne température pour accueillir la vie. Il a appelé cela *l'effet Goldilocks*.

Les danses les plus minuscules des atomes sont imbriquées dans les grandes danses galactiques de l'espace. Les créatures vivantes peuvent donc évoluer seulement sur les planètes où les plus petites et les plus grandes danses sont en phase les unes avec les autres.

Les scientifiques ont retracé les plantes et les animaux terrestres, et les cellules dont ils sont faits, jusqu'aux atomes et à leurs particules. Ils croyaient que, lorsqu'ils arriveraient à connaître tout cela, ils comprendraient alors comment la vie est survenue. Mais cela n'a pas suffi.

Ça n'a pas suffi parce qu'ils n'avaient pas bien vu les figures de la grande danse terrestre, la manière dont la danse des créatures vivantes est tissée avec celle des grandes danses de la Terre elle-même, la danse de Gaïa.

Certains des phénomènes que nous connaissons de la Terre aujourd'hui nous paraissent magiques. L'un d'eux, c'est que la température terrestre semble avoir peu varié, tandis que le Soleil se réchauffait au moment même où la Terre se formait. Des changements mineurs de température ont causé des périodes glaciaires ou de réchauffement, et en tant qu'humains, nous percevons cela comme des températures extrêmes. Il ne s'agit en fait que de différences de 6 à 8 degrés de ce que nous appelons *la normale*. Pour Gaïa, ce n'était que de brefs frissons et de courts accès de fièvre desquels elle se remettait.

Comment la Terre peut-elle conserver une température constante et se remettre si facilement lorsqu'elle est perturbée de quelques degrés ? La seule chose que nous connaissions qui puisse conserver ainsi sa température, mis à part un peu de fièvre ou de frissons, peu importe ce qui se passe autour d'elle, est un corps vivant.

Depuis que nous avons découvert et harnaché l'électricité, nous avons créé une société industrielle mondiale alimentée par du pétrole ancien que Gaïa avait gardé en sécurité sous terre. Le charbon et le pétrole sont les résidus comprimés de forêts anciennes, de dinosaures et d'autres créatures repoussées sous terre, alors qu'une vie nouvelle évoluait à sa surface. En déterrant le charbon et en pompant le pétrole du sol, puis en les brûlant pour fabriquer de l'électricité, nous avons engendré beaucoup de pollution et dangereusement perturbé l'équilibre de notre atmosphère et de nos mers.

En quelques centaines d'années seulement, ce qui est très peu pour les milliards d'années de vie de Gaïa, nous avons brûlé tellement de charbon et de pétrole que nous l'avons enfiévrée en provoquant une ère de réchauffement. En tant qu'êtres humains, nous n'avons jamais eu à survivre à de telles époques puisque nous n'étions pas là lorsque la dernière est survenue. La glace polaire et nos glaciers fondent rapidement à l'heure actuelle, et nos meilleurs scientifiques et ingénieurs n'y peuvent rien, aussi longtemps que nous brûlerons le charbon et le pétrole. Nous en reparlerons plus tard.

Nous avons appris qu'un peu plus ou un peu moins de sel dans les mers, un peu plus ou un peu moins d'oxygène dans l'air, rendrait la vie impossible telle qu'elle existe maintenant. Il y a constamment des événements qui peuvent perturber et altérer la quantité exacte de sel et d'oxygène, et pourtant, du moins jusqu'à maintenant, ces quantités ont pu demeurer identiques. Cela aussi ressemble à ce qui se produit dans nos propres corps, lorsque le sel et l'oxygène de notre sang et de nos cellules demeurent en parfait équilibre, ce qui nous permet de rester vivants et en bonne santé.

De même que notre sang circule dans nos corps, l'eau et les gaz circulent sur le corps de Gaïa et en elle. Lorsqu'il pleut, nous pouvons voir une partie de l'eau qui s'écoule dans les rivières et les mers, puis s'élève à nouveau sous forme de nuages. Ce que nous ne pouvons pas voir, ce sont les arbres qui pompent une grande quantité d'eau depuis le sol vers le ciel, par leurs racines, leurs troncs et leurs feuilles. Pendant ce temps, un grand nombre de minuscules créatures invisibles appelées *plancton* flottent sur les mers et aident les nuages à se former dans le ciel.

Savez-vous que même un orage ressemble à une créature vivante ? Il se déplace à l'aide d'un long pied, tout comme une moule ou un escargot, mis à part le fait que son pied est formé de pluie drue et fraîche. Sa tête est glacée de grêle. Lorsque l'air chaud s'élève et l'entoure, il trace son chemin, glissant au-dessus du sol et mangeant les nuages dans son déplacement. Tout autour de ses bords, juste avant de mourir, il construit de petits orages, comme des enfants. Et bien sûr, sa pluie nous donne la vie.

Nous ne pouvons pas voir les gaz qui flottent dans l'atmosphère, car ils sont invisibles. Mais nous savons que d'innombrables minuscules mitochondries, chloroplastes et bactéries qui vivent à l'air libre en dehors de nos cellules, tout comme d'autres créatures, sont constamment occupés à transformer les gaz et à préserver leur équilibre.

Tout comme nos corps ont la connaissance et la sagesse de prendre soin d'eux-mêmes pour perdurer, ainsi fait le grand corps de Gaïa dont nous sommes tous partie. C'est cela la grande danse que nous commençons tout juste à comprendre. La danse des minuscules particules ne peut pas être comprise sans que l'on observe la plus grande danse, et celle-ci ne peut être comprise qu'en connaissant la plus petite danse.

Espérons que nous prendrons rapidement conscience des dangers que nous créons, et que nous ramènerons notre danse humaine en phase avec notre planète mère, Gaïa.

7

Les problèmes de Gaïa

Il nous est difficile de dire quel type d'être vivant est Gaïa, dans la mesure où nous n'avons encore trouvé personne comme elle, et parce que nous commençons tout juste à la connaître. D'après les photos prises par les astronautes, sa beauté surpasse les rêves que nous nous en faisions. Selon les découvertes scientifiques à son égard, nous voyons que, d'une certaine façon, elle détient de la sagesse, de l'intelligence et de l'amour. Bien entendu, elle n'est pas un être humain, encore moins une déesse, même si de telles images aident notre imagination, tout comme le faisaient les mythes anciens.

Nous avons déjà dit qu'un scientifique avait émis l'idée qu'elle ressemblait à une cellule géante, une créature unicellulaire, puisqu'elle est ronde et que sa peau-atmosphère laisse l'énergie entrer et sortir, comme s'il s'agissait d'une membrane cellulaire. Cependant, aucune cellule ne contient de magma fougueux en elle. Elle ne ressemble à aucun être vivant que nous connaissons, elle est notre seule et unique Terre vivante, Gaïa.

Quelles que soient nos croyances à son endroit, il est clair que nous faisons partie de la danse de sa vie. Il devient clair aussi qu'elle nous a donnés, à nous les gens, la tâche spéciale d'utiliser nos cerveaux afin de comprendre en quoi elle prend soin de nous, comment nous pouvons coopérer avec elle et en prendre soin.

Maintenant que nous savons comment Gaïa a débuté sa danse en tant que planète Terre, en évoluant autour de notre

Soleil, voyons voir ce qu'elle a fait par la suite. Jusqu'ici, sa surface se compose de roche et de sable, de rivières et de mers, de nuages, de pluie et de gaz légers. Elle est remplie de l'énergie de son propre noyau qui génère un gigantesque champ magnétique. Ce dernier interagit avec l'énergie solaire, et toutes sortes de molécules se forment alors sur la peau de Gaïa, ce qui engendre un nouveau mouvement dans la grande danse de la vie. Mais il n'est jamais facile de commencer une nouvelle danse, et Gaïa dut résoudre des problèmes ardus.

La chute continuelle de météores qui s'y écrasaient était l'un de ses problèmes. Chaque jour, ces roches de toutes tailles venues de l'espace s'y précipitaient, la frappant et la blessant. Si elle n'avait pas pu trouver de façon de se protéger, elle aurait tout aussi bien pu finir sans vie criblée de trous de météores, comme l'est notre Lune.

L'autre problème était le fait qu'elle ait besoin de l'énergie solaire pour créer des êtres vivants, mais que cette énergie était un peu trop puissante pour que ceux-ci puissent la supporter. Comme nous le savons, les premières créatures de Gaïa étaient des bactéries. Du fait que les bactéries vivent encore partout sur la Terre aujourd'hui, ce type ancien a été nommé *archéobactérie*, ce qui signifie « anciennes bactéries » et qui se prononce [arkéobactérie]. On a longtemps pensé que les bactéries et les cellules nucléées comme les nôtres étaient les deux seuls types de cellules capables d'évolution.

Et puis, il y a peu de temps, les biologistes ont découvert un troisième type de cellules dans ce monde primitif des débuts de la vie gaïaenne. Ils les ont appelées *archaea*, car elles ne ressemblaient pas à des bactéries. Il ne s'agissait pas non plus de cellules nucléées. Elles se situaient quelque part entre les deux, aussi petites que des bactéries, mais avec un ADN mieux organisé que celles-ci, en même temps que d'autres caractères distinctifs.

On croit que ces archaea ont contribué à former le noyau des grandes coopératives nucléées, tandis que les bactéries actuelles sont devenues leurs chloroplastes et leurs mitochondries. Étant donné que nous voulons présenter les choses le plus simplement possible dans ce livre, nous allons considérer que les archaea appartiennent encore aux archéobactéries, que nous appellerons *archébacs* à partir de maintenant.

Les archébacs de ce monde primitif devaient trouver leur place et leur façon de se développer à l'abri des éléments brûlants de la lumière solaire, les rayons ultraviolets. S'il en faut pour la vie, un surplus de ces rayons peut causer de graves brûlures, comme vous devez le savoir si vous avez déjà eu des coups de soleil.

L'endroit le plus sécuritaire se trouvait dans les mers, juste assez profondément pour que l'eau puisse filtrer ces dangereux rayons. Mais Gaïa avait d'autres bonnes raisons de commencer à y développer la vie ; les créatures avaient besoin d'eau pour se développer et pour se déplacer.

Pendant des milliers de millions d'années, les bulles ou les sacs minuscules de molécules qui ont évolué en archébacs ont tenté de nouvelles organisations et de nouveaux modes de vie, tout en se reproduisant. Les rivages marins peu profonds, chauffés par le soleil, ainsi que les sources d'eau chaude des grands fonds marins sont devenus de riches soupes bactériennes.

Nous entendons dire habituellement que les bactéries nous rendent malades, mais très peu d'entre elles nous posent problème, comme nous l'avons vu plus tôt. Ce sont réellement les créatures les plus merveilleuses de toutes, parce qu'elles ont été les premières à résoudre les problèmes de la vie. Aujourd'hui encore, nous ne pourrions survivre sans elles, et Gaïa n'aurait pu progresser dans sa danse de la vie sans leur présence. Elles ont été les premiers enfants de sa danse, avides d'explorer les possibilités de vie et de tenter du nouveau.

La plupart des archaea fabriquent leur énergie en avalant de plus petits éléments, comme les molécules de sucres ou d'acides qui flottent autour d'elles. Les archébacs ont eu tant de succès qu'elles ont proliféré dans les mers, dans les sols et même dans l'air, et cela, jusqu'à ce qu'elles se trouvent en danger de mort puisqu'elles consommaient les sucres libres et les acides plus rapidement que ceux-ci n'étaient remplacés. Leur grand succès était devenu un grand problème : la famine à échelle planétaire !

Alors que les molécules alimentaires venaient à manquer, certaines des bactéries qui vivaient ce problème devinrent très futées. Elles inventèrent de nouvelles façons de survivre, directement depuis l'énergie solaire. Vous devinerez peut-être qu'elles furent les toutes premières et que leurs descendants sont devenus les chloroplastes des végétaux. Vous vous souviendrez alors qu'elles relâchaient l'oxygène qu'elles produisaient à partir de l'énergie qui leur était nécessaire, en utilisant un élément chimique vert appelé *chlorophylle*.

Cet oxygène était malheureusement un réel poison pour les autres types de bactéries anciennes, un gaz mortel qui détruisait bien d'autres types de molécules. L'oxygène fait rouiller le métal et brûler les feux. Il fut donc d'abord absorbé dans les eaux et les roches de la Terre, mais il s'accumula ensuite dans l'atmosphère, et un grand nombre d'archébacs moururent. C'est ainsi qu'une seconde crise globale fut causée par les archébacs : la pollution à échelle planétaire.

Il est fascinant de constater que les archébacs ont causé les mêmes types de problèmes globaux que ceux que nous provoquons aujourd'hui ! Aucune autre créature terrestre ayant évolué entre elles et nous ne l'a fait ; nous reviendrons plus tard sur cette étrange similitude.

Pauvre Gaïa ! Le nouveau gaz d'oxygène dangereux tuait un grand nombre de ses premiers enfants, tandis qu'elle-même faisait face au défi des météores et des rayons ultraviolets, ce qui lui compliquait la tâche de garder ses créatures en vie. Le danger représente toutefois un défi pour les êtres vivants, et l'archaea se mit alors à travailler à des solutions pour contrer cette pollution de l'oxygène. En fait, c'est la plus grande danse de Gaïa alliée à la danse de ses plus petites créatures qui ont transformé la crise de l'oxygène en solution à tous ces problèmes !

Lorsqu'une molécule se fragmente, l'énergie de ses atomes se libère et peut être utilisée autrement. C'est exactement de cette manière que certaines bactéries avaient pu obtenir leur énergie, en brisant les molécules de sucres et d'acides qu'elles trouvaient dans les mers. Si elles pouvaient protéger leurs propres molécules en empêchant l'oxygène de les fragmenter, et utiliser plutôt ce dernier pour briser les molécules alimentaires, alors elles auraient trouvé une nouvelle et meilleure façon d'obtenir leur énergie à partir de la nourriture.

C'est exactement ce qu'elles apprirent à faire. Tandis que les bactéries bleu-vert continuaient à fabriquer leur énergie et leur oxygène à partir de la lumière solaire et du dioxyde de carbone, un autre type de bactéries se mit à produire de l'énergie en utilisant l'oxygène pour fragmenter les molécules alimentaires. Ce faisant, elles rejetaient du dioxyde de carbone. C'était justement ce dont les bactéries bleu-vert avaient besoin. Quelle belle façon de coopérer !

Pendant ce temps, les autres bactéries, qui avaient été blessées par l'oxygène, s'enfouirent dans les boues du fond des mers ou s'entassèrent sous des tapis d'argile, là où il ne pouvait pas les atteindre. Quelques-unes d'entre elles ont survécu jusqu'à ce jour, en cherchant constamment des lieux sûrs sans oxygène, comme les marécages boueux ou les entrailles des vaches, où elles aident à la digestion, et même nos propres intestins où elles accomplissent toutes sortes de bonnes choses pour nous, comme nous le verrons plus tard.

Plusieurs sortes de bactéries commencèrent à se répandre le long des rivages puis se déplacèrent peu à peu sur les roches, se regroupant le plus souvent en plaques ou en tapis dans leur progression. Certaines furent portées par les airs vers les terres en de nouveaux lieux.

La vie était plus sûre et les bactéries bleu-vert produisirent encore plus d'oxygène, beaucoup plus que les besoins nécessaires aux bactéries. C'est ainsi que l'oxygène se mit à flotter dans l'atmosphère. Il se densifia et il devint plus difficile aux météores de le traverser. Une couche d'air peut nous paraître quelque chose de très léger. Nous pouvons à peine la sentir lorsque nous remuons les bras. Si, en revanche, nous les bougeons rapidement, nous sentirons une bien plus grande résistance. Après tout, c'est l'air qui retient les avions dans les airs.

Les météores se déplacent avec une telle rapidité que l'air est solide pour elles. Une forte friction contre quelque chose de solide produit de la chaleur, ainsi que vous pouvez le sentir lorsque vous frottez votre main sur une table. Les météores se frottaient avec une telle force contre l'air, qu'elles se consumaient. Lorsque nous voyons leurs traces ardentes le soir, là-haut dans le ciel, nous les appelons des *étoiles filantes*, bien qu'elles ne soient en réalité que des roches qui se consument.

Donc, l'oxygène dangereux s'était transformé en solution pour un autre problème, le problème des météores. Une fois que l'oxygène eut densifié l'atmosphère, il y eut très peu de météores qui furent suffisamment lourdes pour atterrir avant de se consumer.

Il ne restait que le problème des rayons ultraviolets. Certaines bactéries avaient appris à se protéger à l'aide de boucliers, un peu de la même façon dont nous protégeons nos yeux d'une forte lumière avec des lunettes de soleil et nos peaux avec des crèmes solaires. Mais beaucoup d'entre elles étaient encore en danger. Une fois encore, ce fut l'oxygène qui vint à leur secours.

Les gaz d'oxygène sont faits de deux atomes jumeaux d'oxygène qui dansent ensemble en tant que molécules. Lorsque les rayons ultraviolets frappaient ces molécules, bien souvent, ils les fragmentaient. Les jumeaux séparés se joignaient alors fréquemment à de nouvelles paires et se transformaient en molécules triplet. Ces dernières formèrent un gaz différent appelé *ozone*; toute une couche de cet ozone se plaça au milieu de l'atmosphère et les rayons ultraviolets purent moins facilement le traverser. Il y en eut ainsi moins qui atteignaient la surface terrestre et la vie gagna en sécurité.

Les enfants de Gaïa vivaient en toute quiétude parce qu'ils utilisaient leurs rejets gazeux mutuels, et ils se multipliaient dans les mers et au sol. Ils n'avaient plus à faire face aux grands problèmes des météores et des rayons ultraviolets.

Certains scientifiques voient maintenant la Terre en tant que Gaïa, mais de nombreux autres pensent encore qu'il est mieux de tenter d'expliquer le monde comme une machine complexe plutôt que comme une planète vivante. Or, un mécanisme est en fait très différent d'un organisme. Voyons en quoi consiste cette différence.

Les gens ont toujours conçu les machines pour copier ce que font les êtres vivants. Les machines à filer et à tisser copient les araignées. Les pompes copient les cœurs ou encore la manière dont les arbres pompent l'eau depuis le sol jusque dans leurs feuilles. Les avions copient les oiseaux dans leur vol, et les sous-marins copient les poissons et les dauphins. Les ordinateurs sont notre façon de copier ce que nos cerveaux peuvent faire. Mais la vie fera toujours plus que nos machines, à certains égards.

On peut facilement observer ces grandes différences entre les machines et les êtres vivants, en ceci que si vous vous éloignez un moment de l'une de vos machines, comme de votre ordinateur ou de votre iPhone, vous savez qu'ils ne changeront pas au cours de votre absence. Même un tout petit changement pourrait signifier qu'ils sont brisés. Mais si vous laissez une chose vivante, comme votre chat ou votre frère, pendant un certain temps, vous pouvez vous attendre à ce qu'il change. S'ils ne le font pas, ils mourront.

Une machine est créée depuis l'extérieur par quelqu'un qui assemble ses morceaux de manière exacte pour qu'elle puisse faire ce qui lui est demandé. Mais un être vivant se crée lui-même à partir d'un œuf ou d'une graine, et renouvelle constamment ses composantes, tout comme nous l'avons vu au niveau cellulaire. Lorsque quelque chose ne fonctionne pas avec une machine, l'humain doit la réparer, alors qu'un être vivant peut se réparer lui-même.

La Terre, en tant que Gaïa, s'est elle-même créée au sein de la plus grande danse de l'Univers, au sujet duquel nous connaissons encore très peu de choses. Un bébé neuf se crée à l'intérieur du corps de sa mère. Toutes les créatures de Gaïa, depuis les archébacs jusqu'à nous, se sont créées à l'intérieur de son corps, en s'utilisant mutuellement pour leur propre croissance.

Le philosophe grec ancien Anaximandre a dit : « Tout ce qui se crée dans la nature encourt une dette qu'il doit rembourser afin qu'autre chose puisse se former. » Quand on y pense, c'est toute l'histoire de l'évolution en une seule phrase. La vie recycle la vie pour se perpétuer, et ce faisant, génération après génération, elle change aussi sa danse de l'évolution. C'est la raison pour laquelle de nouvelles espèces émergent dans la danse, tandis que d'autres meurent.

Nous n'aurions pas pu nous créer sans nos parents, et nous n'aurions pas pu survivre sans leurs soins. Nous n'aurions pas appris la joie et la tristesse, et la façon de réfléchir à la vie, cette danse perpétuelle et connectée.

Lorsque nous sommes près de la nature, au bord de la mer, dans les bois, que nous regardons le soleil se coucher ou que nous jouons avec les animaux, nous pouvons percevoir l'esprit de Gaïa grâce à la joie profonde qui nous habite. Nous sentons que nous sommes ses enfants et nous pouvons penser qu'elle ressent la même chose.

Revenons dans le temps, il y a des milliards d'années, alors que nous pouvons imaginer Gaïa se sentir joyeuse et fière de la manière dont cela se passait avec l'oxygène. D'une manière ou d'une autre, elle savait à quel moment la quantité exacte était atteinte, pour se préserver, elle et ses enfants. Un peu moins d'oxygène dans l'air et ils ne pourraient plus respirer, un peu plus et tout prendrait feu ! Elle a conservé depuis ce temps cet équilibre des producteurs et des consommateurs d'oxygène, exactement comme il le fallait pour la danse de la vie.

Ses minuscules bactéries ont par la suite recouvert la Terre. Les mers, les roches et l'atmosphère sont devenues leurs partenaires. Toutes leurs molécules provenaient de la Terre, du propre corps de Gaïa. Autrement dit, une partie de son corps s'était transformée en ces créatures vivantes. Mais jusque-là, il n'existait pas une seule plante et pas un seul animal, pas même une cellule nucléée.

8

Partenaires d'une nouvelle danse

Les anciennes bactéries, les archaea dont nous avons parlé, n'étaient pas des cellules du type de celles dont sont faits les végétaux et les animaux. Ces derniers n'auraient jamais émergé si les premières bactéries avaient continué à vivre comme elles le faisaient.

De nos jours, les bactéries sont appelées *procaryotes. Pro* signifie « avant », et *karyon* signifie « noyau ». Les procaryotes sont donc les cellules qui existaient avant que les cellules nucléées ne se développent. Souvenez-vous que le noyau d'une cellule est la partie qui contient la totalité de l'ADN. Dans un procaryote ou dans une bactérie sans noyau, il flotte librement dans les cellules comme une longue corde, souvent reliée en une boucle.

Cette disposition libre de l'ADN, des protéines et des autres éléments chimiques, a permis aux procaryotes d'accomplir de grandes choses. Il existe encore un nombre infini de types de bactéries sur Terre aujourd'hui, à tel point qu'une pleine cuillère à soupe de terre foisonne de milliards d'entre elles. Certaines sont des créatures endurcies, qui peuvent aussi bien vivre très haut dans l'atmosphère, très loin au fond des mers, dans les sources d'eau bouillante, ou dans les glaces.

Aucune autre créature vivante n'aurait pu évoluer sur Terre sans avoir les bactéries comme ancêtres. Celles-ci peuvent transformer la pierre et l'eau en nourriture pour elles-mêmes et pour d'autres êtres vivants. Elles travaillent sans répit, enrichissant les sols pour les végétaux qui y croissent, vivant une vie utile à l'intérieur des animaux, décomposant végétaux et animaux morts et les transformant en terre arable.

La pourriture et la décomposition ne sont que les façons bactériennes de recycler. Quelle chose merveilleuse pour nous qu'elles le fassent, et qu'ainsi les déchets ne s'accumulent pas dans la nature ! Nous avons encore beaucoup à apprendre de leur part !

Les bactéries peuvent se permettre de garder de petits corps simplifiés, car lorsqu'elles ont besoin de nouvelles instructions d'ADN pour accomplir une nouvelle tâche, elles l'obtiennent par le biais d'autres bactéries, en dissolvant leur membrane cellulaire afin d'échanger des parties d'ADN, puis en la reformant.

Les humains qui ont fait cette récente découverte l'ont appelée *génie génétique*, et ils en prennent tout le crédit comme s'il s'agissait d'une découverte humaine ! Du fait de cet échange constant de l'ADN, les bactéries agissent en quelque sorte comme un seul grand organisme ou organe. Nous pourrions y penser comme à la peau vivante de Gaïa.

Les virus pourraient avoir été la façon de vivre des archébacs lorsque les temps étaient durs. Et s'ils avaient pu emmagasiner leurs gènes d'ADN en pochettes qui résistent à la chaleur ou au froid extrême, ou à la sécheresse ? Lorsque la situation se serait améliorée, les pochettes auraient été absorbées par les bactéries ayant survécu et ajoutées à leur propre ADN. Peut-être est-ce ainsi que les premiers virus sont nés. Les virus causent peut-être problème lorsque leurs pochettes d'ADN sont utilisées par des créatures à qui elles ne sont pas destinées.

Les bactéries permettent de préserver l'équilibre des gaz atmosphériques, tout juste en quantité adéquate. Elles équilibrent aussi les substances chimiques que l'on trouve dans les mers et dans les sols. Elles sont les gardiennes de l'ensemble des êtres vivants, les travailleuses les plus importantes de Gaïa.

Il n'existe probablement pas de meilleur exemple de coopération dans la danse de la vie que celle des bactéries ; partout sur Terre, les plus petites créatures accomplissant les travaux les plus grandioses dans leur gestion des choses. Nous avons mis beaucoup de temps à réaliser à quel point elles font preuve d'aide et de coopération. Après tout, elles sont bien trop minuscules pour que nous puissions les voir, et leur travail se fait donc de manière invisible, à moins que nous les étudiions par le biais de microscopes électroniques, qui sont quand même une invention relativement récente.

Si l'on soupèse tout ce qu'elles accomplissent merveilleusement, on peut facilement leur pardonner le fait que, de temps en temps, elles ne s'entendent pas avec les cellules de nos corps, que ces dernières aient à les combattre et que cela nous rende malades.

Il s'agit même d'un défi intéressant pour nous, qui nous a appris à utiliser d'autres bactéries afin de guérir un grand nombre de maladies. Les bactéries font, dans l'ensemble, beaucoup plus pour préserver notre santé que pour nous rendre malades.

Plus nous les étudions, plus elles nous étonnent. Nous avons déjà mentionné la découverte surprenante du fait qu'elles ne vivent pas seulement sur nos peaux et dans nos intestins, mais qu'elles sont construites à l'intérieur de nos propres cellules, que les minuscules mitochondries ont leur propre ADN, comme de toutes petites créatures indépendantes, et qu'elles produisent notre énergie.

La façon dont cela s'est fait est une histoire ancienne fascinante que nous découvrons tout juste maintenant. On pourrait l'énoncer ainsi :

Il existait dans les mers anciennes, sur terre et dans les airs, une grande quantité de bactéries en tous genres, qui tentaient de nouvelles manières de produire leur énergie et de se déplacer, en quête de nourriture. Nous connaissons déjà les producteurs et les consommateurs d'oxygène, de même que le type de bactéries le plus ancien duquel ces deux types descendent, et qui se sont, pour une bonne part d'entre elles, enfouies sous terre pour échapper à l'oxygène.

Appelons donc ces archébacs originels des *barboteurs*, puisqu'ils faisaient fermenter la nourriture pour en vivre. Nous observons habituellement des bulles remonter de leurs déchets gazeux lorsqu'ils sont au travail dans les marécages boueux, ou encore dans la bière ou dans le pain, puisque nous avons apprivoisé leur capacité à nous fabriquer de la nourriture ! Et appelons les producteurs d'oxygène, si nous nous souvenons de leur couleur, les *bleu-vert*, les ancêtres des chloroplastes. Puis, nous pouvons nommer les utilisateurs d'oxygène qui sont arrivés plus tard dans l'évolution, les *respireurs*, ancêtres des mitochondries.

Il y eut un moment où les respireurs ont manqué de provisions de molécules capables de fragmenter l'oxygène, et il semble qu'ils aient alors envahi les gros barboteurs mous pour utiliser leurs molécules alimentaires. Les envahisseurs étaient des respireurs de haute technologie qui s'étaient inventé des queues motorisées. Ces queues s'enroulaient puis se propulsaient pour se déplacer beaucoup plus rapidement que les maladroits barboteurs qui ne pouvaient que se mouvoir là où les eaux les portaient. Ces queues les aidèrent à tracer leur chemin au milieu des gros barboteurs.

Il est possible que certains respireurs se soient heurtés à des barboteurs et qu'ils n'aient pas pu passer, se trouvant alors plutôt coincés sur leurs faces externes. En se tortillant, ils pourraient avoir emporté le barboteur entier avec eux. Munies de telles queues, les grosses cellules pouvaient alors se mouvoir et trouver plus facilement de la nourriture à leur usage.

Peut-être cela s'est-il terminé, car les barboteurs nourrissaient les respireurs, qui à leur tour, guidaient les premiers.

Au cours de ces aventures d'archaea, les bleu-vert auraient eux aussi envahi les barboteurs, ou peut-être se sont-ils simplement déplacés avec eux dans les eaux, là où se trouvait suffisamment de lumière pour qu'ils puissent y vivre. L'oxygène qu'ils produisaient aurait alors été utile aux respireurs.

Lorsque les bleu-vert et les respireurs se sont divisés pour se multiplier au sein des gros barboteurs, ils se sont transformés en colonies géantes, se déplaçant parfois avec leurs nombreuses petites queues attachées tels des avirons. D'une façon ou d'une autre, ces trois types d'archébacs, qui avaient commencé par s'exploiter, finirent partenaires d'une aventure de coopération ! C'est cela qui a peut-être été l'étape la plus importante de la danse de l'évolution de Gaïa.

Tôt ou tard, tous les minuscules partenaires ont dû trouver difficile de coopérer en douceur, sans que leur travail ne s'organise d'une quelconque manière. Les informations et les plans de l'ADN libre étaient peut-être trop éparpillés lorsque les cellules individuelles se divisaient, ou lorsque les bactéries échangeaient de l'information de l'ADN entre elles.

Quoi qu'il se soit produit, plusieurs de ces colonies complexes se sont finalement organisées et ont créé la librairie centrale d'ADN que nous connaissons déjà grâce aux dons de ses membres coopératifs. Chaque bactérie donnait de l'ADN, qui se retrouvait alors dans un sac protecteur. C'est de cette manière que le noyau a évolué pour emmagasiner, récupérer et copier l'information afin de pouvoir faire fonctionner l'énorme nouvelle cellule. Des partenaires tels que les bleu-vert et les respireurs ont conservé suffisamment de leur propre ADN pour continuer à évoluer et à accomplir leur travail spécifique en tant que chloroplastes et mitochondries. Ils ne possédaient pas suffisamment d'ADN pour continuer à vivre de manière indépendante en dehors des coopératives, et ils ont été condamnés à demeurer pour de bon au sein des nouvelles cellules. Du fait que les cellules dotées de noyaux ne sont plus des procaryotes, nous les appelons des *eucaryotes*, ce qui signifie « avec noyau ».

Les eucaryotes sont aussi nommés plus brièvement des *protistes*. Ces derniers sont en moyenne mille fois plus gros que les bactéries, et parfois même encore plus gros ! Depuis le début de leur existence, ils ont été à la fois des archébacs qui continuaient à vivre par eux-mêmes ou en colonies dénuées de parois, ou ont constitué d'énormes coopératives de protistes. Les archébacs et les protistes, comme nous le savons, sont tous deux des créatures unicellulaires. Pourtant, nous pourrions dire pour nous amuser, que les protistes sont des cellules multicréatures, puisqu'elles sont faites de multiples archébacs ! Nous verrons plus tard qu'elles forment des coopératives que nous appelons des *créatures multicellulaires*, mais n'anticipons pas sur notre histoire.

Bien avant qu'ils ne forment des protistes, les archébacs se divisaient beaucoup plus simplement. Parfois, un petit bourgeon se détachait de la cellule parente, prenant avec elle un peu d'ADN et d'autres éléments cellulaires pour commencer une nouvelle vie autonome. Parfois, la cellule se divisait en plusieurs petits morceaux, chacune équivalente à l'autre. Et parfois, une seule cellule se divisait en deux parties égales. Mais peu importe la manière dont elles le faisaient, tous les bébés cellules provenaient d'un seul parent et étaient sa copie exacte, sauf à l'occasion, quand des erreurs se produisaient lors de la copie de l'ADN.

Vous pourriez vous demander : comment, si elles arrivaient à se copier si précisément, ont-elles pu évoluer en autant de types, tels que les barboteurs, les bleu-vert, les respireurs ? Cela a été rendu possible parce qu'elles pouvaient s'échanger librement de l'ADN. Elles n'avaient qu'à se lover l'une contre l'autre, former un orifice entre les membranes qui se touchaient et s'échanger des brins d'ADN. Les membranes cellulaires se réparaient rapidement, mais les deux cellules étaient alors différentes de la période qui avait précédé leur union. Cette manière de produire de nouvelles créatures à partir de sources d'ADN est techniquement dénommée le *sexe.* Il se perpétue en toute liberté jusqu'à ce jour parmi les bactéries, et cela n'a rien à voir avec la reproduction.

Jusque là, leur mode de division ou de reproduction s'appellait la *fission*; cette forme de division s'est maintenue jusqu'à l'arrivée des protistes. Cela signifiait toutefois que les cellules devaient copier le noyau avant de se diviser, afin que chacune de leur cellule fille détienne un noyau entier identique au noyau de départ. Le sexe n'était donc plus possible. Elles ne pouvaient plus échanger leur ADN comme elles le souhaitaient.

Certains protistes trouvèrent une solution à cette perte du sexe, en fabriquant de nouvelles cellules qui différaient des cellules d'origine. S'ils ne l'avaient pas fait, ils auraient pu ralentir leur capacité d'évoluer en d'autres créatures. Le nouveau mode de reproduction est probablement survenu à la suite d'une série d'accidents heureux. Quelle que soit la manière dont cela survint, nous la nommons la *reproduction sexuée* parce qu'elle combine le sexe, l'émergence de l'ADN à partir de différents individus, et la division que nous appelons *reproduction.*

Pour voir comment cela fonctionne, pensez à nouveau aux zips d'ADN qui s'ouvrent d'eux-mêmes, mais qui cessent leur danse avant que les dents du nouveau partenaire ne soient choisies par les demi-zips. Imaginez maintenant qu'une cellule se divise sur-le-champ, que chaque zip envoie la moitié de lui-même dans une nouvelle cellule et une autre moitié dans une autre cellule.

Bien sûr, de telles cellules étaient incomplètes. Elles ne pouvaient rien faire jusqu'à ce que leurs zips se retrouvent entiers. Mais elles trouvèrent une solution sans avoir à choisir une nouvelle dent-partenaire à la fois. Elles cherchèrent d'autres cellules demi-zips qui soient faites du même type que leur bactérie parente, et elles découvrirent qu'elles pouvaient s'apparier à des demi-zips en se joignant à eux comme à une seule cellule. Au lieu qu'une seule dent trouve un partenaire, une moitié de zip pouvait faire équipe avec une autre !

Nous savons déjà que les danseurs d'ADN s'organisent par le biais des gènes qui sont des codes pour les protéines et pour d'autres phénomènes que nous ne comprenons pas, mais que nous savons nécessaires à la formation et au fonctionnement cellulaire. Les demi-zips d'ADN peuvent seulement s'apparier si les gènes de chaque protéine sont enlignés au même niveau. C'est la raison pour laquelle les cellules du demi-zip doivent trouver des partenaires qui soient issus du même type de parent, le type dont les gènes sont enlignés de manière similaire à la sienne.

La danse de Gaïa s'est ravivée avec les nouveaux protistes, chacun étant en moyenne environ mille fois plus gros que les archébacs desquels ils étaient issus. Bien entendu, les archébacs continuèrent en toute indépendance à prospérer en parallèle et à effectuer leur mission essentielle.

Si vous avez déjà observé la goutte d'eau d'un étang au microscope, vous pouvez vous faire une idée de ce à quoi ressemblent les protistes. Les paramécies, par exemple, se retrouvent facilement dans les flaques d'eau des étangs, tels de petits chaussons bordés de centaines d'avirons ondulants. Les grosses amibes maladroites changent de forme sous vos yeux et se déplacent en poussant avec ce qui ressemble à des bras ou à des jambes temporaires. Certains protistes, chargés de chloroplastes, les bleu-vert producteurs d'oxygène, sont devenus des algues. On peut en voir de grandes quantités s'agglomérer en plaques verdâtres sur l'eau des étangs ou sur les rochers des rivages marins. Les algues vertes fabriquent quantité d'oxygène. Certaines se sont rejointes sous forme de longues chaînes ou de feuilles plates, comme s'il s'agissait de plantes. Mais ces dernières sont toujours des créatures multicellulaires alors que les algues sont unicellulaires, bien qu'elles vivent en colonies.

D'autres protistes vivant seuls ont tenté de donner des formes sophistiquées à leurs parois cellulaires, comme s'ils essayaient de voir qui serait à même de fabriquer les plus belles. Les parois les plus fantastiques de toutes ont été faites par les radiolaires qui construisent encore des formes surprenantes que nous pouvons observer au microscope, telles des couronnes royales et des boules de Noël très élaborées semblables à du verre soufflé.

D'autres protistes spécialisés, les diatomées, nous fournissent un indice de la manière dont Gaïa conserve le parfait équilibre du sel dans l'eau. Les rivières qui circulent jusqu'à la mer charrient des sels et des minéraux que l'eau dissout de la roche en s'y écoulant. Gaïa a besoin de ces sels et de ces minéraux dans la mer, tout comme de l'oxygène dans l'air, mais il ne doit pas y en avoir en excès, sinon cela étoufferait les créatures vivantes.

L'un de ces minéraux se trouve être la silice. Chaque année, des centaines de millions de tonnes sont lavées dans les mers. La silice est exactement ce dont les diatomées et les radiolaires ont besoin pour la construction de leur coquille. Il existe des myriades de ces protistes dans les mers, et ils utilisent une grande quantité de cette silice. Lorsqu'ils meurent, ils coulent au fond de la mer et laissent leur coquille se transformer en roche. Trois cents millions de tonnes de roche de silice chaque année !

Et alors, les rivières continuent de charrier la silice jusque dans les mers, et les radiolaires et les diatomées la portent superbement au cours de leur vie, puis la transforment à nouveau en roche inoffensive.

Il y a toujours suffisamment de radiolaires et de diatomées pour conserver la quantité adéquate de silice dissoute dans la mer, et pour que les autres créatures puissent ainsi s'en servir. Lorsque nous savons cela, nous comprenons encore mieux la danse coopérative de la vie de Gaïa, de la manière dont elle prend soin de chacune de ses créatures pour préserver leur équilibre mutuel et sa propre santé planétaire.

Les roches se forment à partir des diatomées et d'autres sédiments alors qu'ils sont compressés pendant de longues périodes de temps au fond des mers. Cette roche sera éventuellement soulevée hors de la mer et formera de nouvelles terres, ou bien elle sera repoussée sous la croûte terrestre en marge des grandes plaques tectoniques qui lui permettent de se mouvoir, tout comme les plaques de la carapace d'un tatou. Lorsque la roche est repoussée sur la marge d'une autre plaque, elle se fond en magma et est ainsi recyclée en lave qui, soit s'écoule des volcans, soit suinte entre les bords des plaques lorsqu'elles s'écartent au fond des océans.

Nous voyons donc que la croûte terrestre elle-même s'active pour faire circuler les réserves et pour se réorganiser. La vie est en fait de la roche qui se réorganise en créatures vivantes, puis redevient roche sous de nouvelles caractéristiques géologiques, puis de nouveau des créatures vivantes !

C'est à partir de nos minuscules cellules ancestrales que les eucaryotes, les protistes, ainsi que l'ensemble des champignons, des végétaux et des animaux terrestres ont évolué. Plusieurs se sont accrochés les uns aux autres sous forme de chaînes ou de gouttes, pour former par la suite des colonies plus complexes, apprendre à vivre ensemble et à unir leurs efforts pour différentes tâches. Ils ont développé l'habileté à reproduire ces colonies, et c'est de cette manière qu'ils ont formé les créatures multicellulaires, les champignons, les plantes et les animaux.

Mais avant de voir comment les plus grandes créatures se sont développées, pensons un moment aux cellules de nos corps, à quel point elles ressemblent à ces premiers eucaryotes des mers, il y a des centaines de millions d'années. Nos cellules ont encore le même type de noyau en elles, le même type d'ADN, bien que les plans de cet ADN se soient perfectionnés.

Chaque cellule est entourée d'une paroi comme la peau d'une orange et porte de l'eau encore similaire à de l'eau de mer, dans laquelle y nagent nos protéines, tout en œuvrant pour nous garder en vie. Cette eau de mer, de même que la plupart de nos protéines, a été transmise de nos parents jusqu'à leur descendance, et ce, depuis les plus jeunes années de la Terre.

Lorsque les créatures ont quitté les océans pour vivre sur terre, elles ont transporté cette réserve d'eau de mer porteuse de vie, au sein de leurs cellules, comme nous le faisons encore aujourd'hui. Dans ce liquide, si vous vous souvenez bien, les mitochondries faites de protéines dont les ancêtres étaient les archaea fabriquent notre énergie, tout comme elles le font pour l'ensemble des végétaux et des animaux depuis leur première apparition sur Terre.

Nous sommes, de cette manière, encore reliés à nos ancêtres les plus lointains, et constituons une grande partie de la danse de Gaïa, la danse créative de nouveaux pas fabriquant sans fin de nouvelles sortes de créatures, et cela, bien que les premiers pas demeurent en sa mémoire. Comme il est merveilleux de savoir que chaque être vivant, depuis les diatomées jusqu'aux plus grands pins, des microbes aux papillons et aux buffles, tous nos semblables dansent avec nous la grande danse de Gaïa.

9
La danse de l'évolution

Lorsque nous disons que l'ensemble de nos cellules et de nos corps sont issus des premières cellules sur Terre, nous parlons bien entendu de l'évolution. Celle-ci, comme nous sommes en train de le voir, est le développement de créatures complexes provenant de types simplifiés ayant vécu à de précédentes époques. Vous vous souviendrez également que les danseurs utilisent le mot *évolution* pour l'élaboration de nouvelles figures de danse, à partir de pas et de mouvements plus simples.

C'est encore un grand casse-tête pour les scientifiques que de comprendre comment ces changements se sont produits entre les archébacs et nous, ou tout autre être vivant de nos jours. Ils sont survenus sur des milliards d'années, et il est difficile de retracer les longues chaînes de l'évolution en remontant jusqu'à nos ancêtres.

Heureusement, plusieurs d'entre eux nous ont laissé des indices. Les os et les coquilles qui se sont progressivement transformés en pierre et les empreintes corporelles laissées dans la boue meuble durcie en roche sont nommés *fossiles*. Ces derniers peuvent nous apprendre beaucoup des végétaux et des animaux qui ont vécu il y a longtemps, et nous pouvons ainsi les comparer à ceux d'aujourd'hui. Il existe même des bactéries fossiles !

Les scientifiques ont des façons de nous expliquer l'âge des fossiles, et nous savons que les plus anciens de tous sont ceux des premières cellules vivantes. Il nous est facile de voir que ces créatures, lorsqu'elles sont classées selon leurs époques de vie, se sont complexifiées au cours du temps. Et nous pouvons bien souvent découvrir qui sont leurs ancêtres.

Mais surtout, les fossiles nous permettent d'identifier les créatures qui ont peu évolué au cours du temps. Par exemple, certaines cellules très anciennes ressemblaient énormément à des bactéries qui vivent de nos jours, ou encore à nos propres mitochondries, comme nous l'avons déjà vu.

Les calmars et les requins d'aujourd'hui sont semblables à leurs ancêtres qui nageaient dans les mers, avant que les poissons n'existent. D'une certaine manière, cela fait d'eux des fossiles vivants qui peuvent être comparés aux types de créatures ayant continué à changer ou à évoluer à travers de multiples générations.

Comme toute danse, l'évolution a ses propres rythmes. Certains types, certaines espèces de créatures, tels que les calmars et les requins ou les fourmis, les blattes et les opossums, semblent s'être quasiment stabilisés. Ils ont perpétué le même design corporel des parents jusqu'aux jeunes, depuis des millions d'années. D'autres espèces ont changé très rapidement, ce qui signifie qu'en l'espace de quelques générations, elles semblent avoir bondi d'un type de créatures vers un autre type passablement différent. D'une certaine manière, les types qui ne changent pas sont comme des bicyclettes dans un monde d'avions à réaction. Les bicyclettes roulent encore très bien, mais il y a aussi eu d'autres étapes qui ont suivi entre elles et l'invention des avions.

En fait, les fossiles à eux seuls ne peuvent pas prouver qu'une espèce en est devenue une autre. De toutes les créatures qui ont vécu sur Terre, seulement quelques-unes d'entre elles se sont fossilisées ou ont laissé des empreintes fossiles. Et bien entendu, nous ne pouvons pas nous mettre à creuser la Terre entière pour les chercher ; les fossiles que nous trouvons sont donc beaucoup moins nombreux que ceux qui existent en réalité. Il nous est alors difficile de classer une seule lignée de fossiles qui montreront l'ensemble des changements survenus, disons entre un ancien animal ressemblant à une vache et une baleine moderne.

Si toutefois nous regardons les fossiles d'animaux et de végétaux qui ont vécu il y a longtemps, nous observons des similitudes et des différences intéressantes avec ceux qui vivent aujourd'hui. Certains se ressemblent à un point tel que nous pouvons assurer que les requins modernes descendent directement des anciens requins. Mais Gaïa a tenté bien des designs qui n'ont pas survécu aux temps modernes, parfois parce qu'ils se sont métamorphosés en de nouveaux designs, parfois parce qu'ils ne pouvaient s'ajuster aux changements de leur monde, qu'ils mouraient et que leur lignée familiale s'éteignait.

Vous savez qu'auparavant, la Terre était peuplée de dinosaures. Les fossiles retrouvés nous révèlent qu'il en existait de toutes les formes et de toutes les tailles, jusqu'à il y a environ soixante millions d'années, alors qu'ils disparurent soudain. Nous ne savons pas encore avec certitude la raison pour laquelle ils se sont éteints, mais il y a des preuves qu'un gigantesque météore ou planétoïde frappant la Terre aurait pu changer radicalement les conditions climatiques dans un court laps de temps. Quelle qu'ait été cette catastrophe, elle a dû bouleverser les conditions de vie des dinosaures à un point tel que leur habitat fut détruit et qu'ils ne purent trouver de nourriture ou même d'oxygène pour survivre.

Il se peut que de grands tremblements de terre aient drainé l'eau hors des marécages, tuant tout ce qui y vivait. Il se peut aussi qu'une grande explosion se soit produite dans l'espace et ait atteint la Terre et altéré sa température, suffisamment pour que leurs énormes corps ne fonctionnent plus. Dans tous les cas, après l'ère des dinosaures, on ne retrouve que de petits reptiles et des mammifères fossilisés.

De la même façon que les créatures de Gaïa avaient péri plus tôt par l'oxygène et par d'autres désastres ultérieurs, la plupart des dinosaures furent tués lors d'un accident que Gaïa eut à subir. Elle s'en remit pourtant, une fois encore. Les désastres se changeaient parfois en opportunités de changement !

Quand on regarde les fossiles de dinosaures, on peut voir que les reptiles contemporains tels que les lézards et les alligators doivent descendre de ceux qui ont survécu. Nous trouvons pourtant des fossiles de dinosaures qui étaient en voie de devenir des oiseaux, même avant la grande catastrophe.

L'archéoptéryx, ce qui signifie « ailes anciennes » en grec, était un type de dinosaures muni d'un puissant bec corné et de fortes ailes avec lesquelles il pouvait voler. Son squelette ressemble beaucoup à ceux des oiseaux contemporains. Au cours de son évolution, ses écailles de reptiles sont devenues des plumes, ses pattes avant, des ailes, et son long museau, un bec. De nos jours encore, les oiseaux pondent des œufs, tout comme leurs ancêtres reptiliens et les reptiles modernes.

Les fossiles nous permettent de voir des éléments de l'évolution et de tenter de les classer pour essayer de deviner quelles sont les pièces manquantes. Heureusement, Gaïa nous fournit d'autres indices que les fossiles, qui illustrent l'évolution de ces créatures.

Lorsque nous observons les os des animaux qui vivent aujourd'hui, leurs yeux, leurs dents, leur cerveau, leur cœur et d'autres organes, nous pouvons voir en quoi ils sont reliés les uns aux autres. Nous pouvons observer les types de designs qui ont dû exister avant que d'autres n'apparaissent. Tout comme les gens ont eu à inventer des chariots tirés par des chevaux avant de penser à des voitures à moteurs, Gaïa a dû faire des essais d'yeux et de cerveaux simplifiés avant d'en créer des compliqués qui fonctionnent mieux et qui puissent évoluer.

Nous constatons que le cerveau humain ne peut que provenir de l'évolution d'un cerveau simplifié de mammifère, que celui du mammifère ne peut que provenir de l'évolution d'un cerveau reptilien, et que ce dernier ne peut que provenir de cerveaux d'une simplicité telle qu'ils existent à peine.

Si vous pouviez voir dans votre propre tête, vous observeriez l'évolution au travail. La partie la plus profonde du cerveau, le vôtre et celui de tout le monde, ressemble beaucoup au vieux modèle du cerveau reptilien. Au-dessus et autour de lui, il existe une autre partie qui, avec le cerveau profond, ressemble beaucoup au cerveau des mammifères comme celui des chevaux et des lions. Et puis, on trouve la matière grise qui recouvre le tout, la partie cérébrale propre aux gens. On l'appelle le *cortex*, il nous permet de parler, de devenir artiste ou scientifique, d'inventer des choses, d'apprendre et de réfléchir à nos relations avec toute autre créature, notre planète entière et l'Univers.

Notre corps entier nous en montre encore plus sur l'évolution que notre cerveau. Le bébé qui se forme dans le sein de sa mère, comme nous l'avons tous fait, apprend la totalité de cette belle danse de l'évolution !

Chacun de nous a débuté par une seule cellule. Une cellule avec un noyau d'ADN, un grand nombre de minuscules mitochondries et d'autres éléments cellulaires flottant dans l'eau de mer, ainsi qu'une paroi protectrice qui les entourait. La moitié de l'ADN cellulaire provenait de notre père, l'autre moitié de notre mère.

La cellule s'est divisée en deux, puis en quatre, puis en huit, en seize, en trente-deux, en soixante-quatre, et ainsi de suite, jusqu'à ce qu'émerge une créature de la forme d'un ballon, ressemblant de beaucoup aux plus simples créatures multicellulaires qui vivent en mer. Et effectivement, elle vit dans une mer qui lui est sienne, soit un sac de liquide similaire à de l'eau de mer, au sein de sa mère.

Si l'on pouvait visionner son développement, on s'apercevrait rapidement que la créature modifie sa forme de ballon comme par magie, au fur et à mesure que ses cellules se divisent. D'un côté du ballon, une bosse fait surface à partir d'une rainure, puis une tête irrégulière apparaît et une épine dorsale commence à se former. Cela ressemble bientôt à un minuscule têtard, muni d'yeux sur une grosse tête et d'une longue queue qui commence à tressaillir. Juste un peu plus tard, lors de notre développement, nous ressemblons tous tellement à des embryons animaux, poissons et tortues, poules et cochons, qu'il serait difficile de dire en quoi nous nous transformerons !

Bien sûr, il n'y a pas d'air à respirer et le liquide circule à l'intérieur et en dehors de nos corps embryonnaires, par le biais de fentes brachiales, tout comme celles que possèdent les créatures marines. Même au moment où nous développons les quatre minuscules bourgeons qui formeront nos bras et nos jambes, nous ressemblons encore à n'importe quelle autre sorte de bébé animal en voie de formation.

Nos corps continuent de se former lentement alors que nous nous berçons confortablement dans notre mer tiède. Nos queues se rétrécissent jusqu'à disparaître, nos cerveaux grossissent, nos bras, nos jambes et nos visages commencent à paraître humains. Enfin, après neuf mois, nous émergeons de notre mère et commençons à respirer de l'air.

C'est comme si cent millions d'années d'évolution s'étaient écoulées en l'espace de ces neuf mois. Comme si Gaïa nous remettait en mémoire qui nous sommes et d'où nous venons pour que nous n'oubliions jamais notre rôle dans la danse. En chacun de nous, elle semble se souvenir de cela depuis le début.

Pendant longtemps, les gens pensaient que toutes les différentes créatures de la Terre avaient été créées en même temps, et telles qu'elles sont maintenant. Ils voyaient les créatures comme elles étaient et ne pouvaient se les imaginer autrement. Ils ne connaissaient même pas l'âge de la Terre, et ils ne savaient donc pas en combien de temps l'évolution s'était produite. Ils n'avaient pas cherché de fossiles et ils ne connaissaient rien de l'ADN ou des protéines.

Charles Darwin était l'un des premiers hommes qui ont compris et expliqué l'évolution au cours des années 1800. Il avait une très bonne explication pour l'époque, mais nous l'avons beaucoup améliorée depuis, avec tout ce que nous avons appris.

Darwin pouvait voir que les changements se produisaient d'une génération à une autre, lorsque les gens croisaient des animaux comme les chiens ou les pigeons. Si l'on veut des pigeons plus blancs ou avec de plus longs becs, on sélectionne seulement les plus blancs et ceux munis des becs les plus longs, de génération en génération. Après plusieurs générations, tous les pigeons seront blancs ou bien auront de longs becs, du fait de la sélection de l'éleveur.

Darwin pouvait voir que les animaux changent aussi dans la nature. Il y a quelque chose qui semble les sélectionner de façon à ce qu'ils se transforment graduellement en différentes espèces. Mais si aucun éleveur ne le fait, c'est donc que la nature doit le faire. Il a appelé cela la *sélection naturelle* et a réussi à comprendre comment elle fonctionnait.

Tout animal vit dans un environnement où il chasse sa nourriture, trouve une partenaire, se reproduit et protège ses petits des autres chasseurs. Tout animal a des petits qui diffèrent légèrement les uns des autres. Leurs différences sont des variations des designs corporels de leurs parents et, comme nous l'avons vu, certaines variations naturelles surviennent par accident lorsque l'ADN est copié.

Certaines variations sont plus propices que d'autres aux petits, pour les aider à grandir et à vivre dans leur environnement. De plus longs becs, s'ils sont des oiseaux, les aident à creuser plus profondément pour chercher des vers ; des fourrures plus épaisses, s'ils sont des mammifères, les aident à survivre aux hivers froids ; des ailes plus puissantes, s'ils sont des insectes, les aident à mieux fuir les oiseaux.

La plupart des animaux mettent au monde une telle quantité de petits que tous ne survivent pas. Un grand nombre de petits signifie également un grand nombre de variations à partir desquelles l'environnement peut « sélectionner ». Les petits non viables n'arrivaient bien souvent pas à terme. Les survivants quant à eux, transmettaient leurs variations génétiques à leur progéniture.

Si les animaux s'aventuraient hors de leur environnement habituel et qu'ils survivaient malgré tout, le nouvel environnement « sélectionnerait » parmi les petits, des designs différents de ceux choisis par l'environnement précédent. Par exemple, s'il faisait plus chaud, des fourrures plus minces seraient mieux adaptées que des fourrures épaisses. Ce qui sied à un environnement ne sied pas nécessairement à un autre. De nouveaux environnements qui sélectionnent de nouvelles caractéristiques ont ainsi donné la possibilité à une espèce animale ou végétale de se ramifier.

Les descendants des mêmes parents originels pourraient s'établir dans deux environnements différents et s'éloigner de plus en plus au cours des générations. Il arriverait un moment où leurs gènes ne s'apparieraient plus s'ils tentaient de se reproduire entre eux. Cela voudrait dire qu'ils seraient devenus deux espèces séparées. C'est en procédant de cette manière que l'on peut créer de nouveaux designs sans qu'ils se mêlent entre eux.

Les designs animaux et végétaux ont, de cette manière, pu s'améliorer au fur et à mesure des générations, pour ce que l'on est venu à nommer *la survie du plus fort*. Cela devrait vouloir dire « ceux qui sont le mieux adaptés à leur environnement », bien que la plupart des gens l'aient interprété comme « le plus fort ou le meilleur » en compétition, du fait que Darwin le voyait ainsi : l'évolution par la compétition pour la survie.

D'autres scientifiques qui étudient l'évolution, tels que le biologiste russe Pyotr Kropotkin, ont observé une grande coopération dans la nature. Cette idée selon laquelle la coopération, tout autant que la compétition, a pu aider à la survie de l'espèce et modeler les changements que nous nommons *évolution*, ne devrait pas nous surprendre. Nous en avons déjà vu un magnifique exemple avec l'énorme saut évolutif depuis les archébacs compétitifs jusqu'aux protistes coopératifs, le type de cellules dont nous sommes faits.

Ce que ces minuscules cellules archébacs ont découvert, alors qu'elles formaient de gigantesques coopératives évoluant vers des protistes nucléés, est peut-être le plus grand secret de l'évolution : *il coûte moins cher de nourrir ses ennemis que de les tuer !*

Cela signifie qu'il nous faut moins d'énergie et qu'il est plus efficace de se faire des amis que des ennemis. Et voilà ! Quand on fonctionne ainsi, on n'a plus d'ennemis, on n'a que des amis qui peuvent inventer d'autres façons de coopérer sans qu'il nous en coûte.

Les différents types de bactéries se sont mené une compétition féroce dans leur jeune âge, mais la découverte de la coopération fut un signe clair de leur maturité, tout comme pour les enfants lorsqu'ils choisissent de coopérer plutôt que de se battre.

À l'époque de Darwin, les gens n'aimaient pas beaucoup se faire dire qu'ils descendaient des singes et qu'ils étaient encore leurs cousins. Mais il leur plaisait de penser que la nature sélectionne par le biais de la compétition. Ils le virent comme un test de la nature pour lequel tout individu entrait en concurrence pour survivre et que seuls les meilleurs d'entre eux gagnaient. En voyant que les animaux sauvages se mangeaient entre eux, ils pensèrent également que ces derniers se faisaient une guerre sanglante pour la survie. Ils se sentaient donc mieux face à ce qu'ils faisaient eux-mêmes.

Les hommes se faisaient concurrence en fabriquant les meilleures machines et en devenant riches et puissants. Ils se battaient dans des guerres sanglantes et volaient les terres des autres dans d'autres parties du monde. Si ces gens ne pouvaient se protéger eux-mêmes, pensaient-ils, cela voulait simplement dire qu'ils n'étaient pas adaptés. Être adapté avait perdu son sens d'une adaptation face à un environnement, au profit du sens: être plus fort, plus puissant.

Dans l'Europe de Darwin et en Amérique, là où un nombre croissant d'Européens s'établissaient, les scientifiques ne voyaient pas la coopération au sein de la nature. Partout où régnaient l'ordre et l'harmonie, ils pensaient que cela était dû à la « loi de la jungle », selon laquelle les créatures fortes faisaient la loi aux plus faibles par droit naturel. Les gens parlaient beaucoup des droits naturels du plus fort dans un monde de compétition où chacun agit pour soi.

Souvenez-vous qu'ils voyaient aussi les créatures comme des machines vivantes, qui se transformaient pour le pire ou le meilleur, par le biais d'accidents mécaniques. Ils ne tenaient pas vraiment compte de l'idée de Darwin selon laquelle aucune espèce n'est mieux qu'une autre, ou qu'un grand nombre de créatures dépendent les unes des autres. Tout ce qu'ils voyaient, c'était une grande « lutte pour la survie », comme ils le disaient. Ce n'était pas une très belle image du monde, et heureusement, elle n'était pas très vraie non plus.

Nous pouvons imaginer bien des façons de dire quelles sont les créatures qui sont mieux adaptées que d'autres. Nous pourrions dire que les mieux adaptées sont celles qui donnent le meilleur d'elles-mêmes, comme les coléoptères, qui existent en un quart de million d'espèces différentes, avec un grand nombre d'individus au sein de chacune d'entre elles. Ou nous pourrions dire que les mieux adaptées sont celles qui s'adaptent à des environnements changeants depuis des millions d'années, sans avoir à transformer leur design, comme les fourmis, les calmars et les blattes. Mais ces idées sont toutes discutables. La meilleure façon d'observer l'évolution est de voir comment toutes les espèces s'adaptent entre elles dans la danse de la vie.

10
La danse de la coévolution

Nous avons beaucoup appris depuis l'époque de Darwin, il y a plus de cent ans, de ce qu'est réellement un écosystème. Il ne s'agit pas tant d'un lieu où les créatures doivent s'adapter que d'une danse d'êtres vivants, étroitement interreliés, partageant le même coin de terre.

Des nuées de bactéries s'affairent à équilibrer l'air, l'eau et le sol ; des vers et des insectes minuscules recyclent les éléments, chacun à leur façon ; les champignons et les plantes s'entre-tissent depuis le plus petit qui ne peut voir jusqu'aux plus grands arbres, ou aux gigantesques herbiers marins. Les oiseaux, les poissons, les reptiles et les mammifères jouent tous leur rôle dans un écosystème en construisant leur habitat et en servant de nourriture les uns aux autres.

« L'adaptabilité » d'une créature est en réalité la manière dont elle s'adapte à la danse des autres créatures, ce qui constitue la danse de leur écosystème. Au tout début de ce livre, nous avons parlé de la manière dont « chacun de nous dépend de la santé de ces écosystèmes, tout comme chacune de nos cellules corporelles dépend du reste de notre corps pour sa survie. » L'ensemble des créatures d'un écosystème fait évoluer sa danse, la modifiant sans cesse afin de préserver son équilibre, créant parfois de nouveaux pas, de nouvelles façons de faire les choses, de nouveaux designs de créatures.

Aucune espèce ne peut évoluer d'elle-même, ou en entrant seulement en concurrence avec les autres. L'évolution est toujours coopérative, appelée brièvement *coévolution*. Ce que les gens appellent *environnements* est en fait des écosystèmes de créatures innombrables, petites et grandes, de rochers, de rivières, de sols et d'air, dans lesquels chacun a un rôle à jouer en créant tout le reste.

Si l'on y pense, même les relations prédateur-proie que nous voyons si souvent à la télévision sont coopératives. Disons que vous voyez des lions chasser des antilopes. Les lions prendront seulement les plus faibles et jamais plus que ce qui leur est nécessaire pour se nourrir, eux et leurs petits. Oui, les proies nourrissent les prédateurs, mais le lion permet aussi à l'espèce antilope de rester saine, en laissant s'échapper celles qui courent suffisamment vite, pour qu'elles puissent mettre bas à un plus grand nombre d'antilopes. On pourrait dire que les lions sont les entraîneurs sportifs des antilopes.

Si la nature vous paraît encore injuste, imaginez que vous tentiez de dessiner quelque chose de mieux. Vous avez tout d'abord une merveilleuse planète, mais vous devez recycler ce qu'elle offre pour que votre système puisse continuer à évoluer. La vie doit recycler la vie. Même nous, les humains, nous devons manger d'autres créatures vivantes, végétales ou animales. Cela ne veut pas dire que nous ayons à les maltraiter en les élevant dans des fermes-usines, comme nos sociétés industrielles le font en ce moment avec les végétaux et les animaux.

Les peuples indigènes n'étaient pas industrialisés, ils dépendaient plus directement des écosystèmes et percevaient mieux les autres créatures comme leurs proches ou leurs amis. Il existe une histoire amérindienne, celle de Souris qui se languissait de voler comme Aigle. Un jour, Aigle a capturé et mangé Souris. Souris est alors devenue partie du corps d'Aigle et est heureuse, parce qu'elle peut maintenant voir par les yeux d'Aigle lorsqu'il vole très haut au-dessus de tout ! Pour pouvoir raconter de telles histoires, les Amérindiens devaient véritablement croire en l'Unité de la nature et en l'esprit de toute chose qui vit et survit à la mort. Ils comprenaient aussi que sans la mort, il n'y a pas de recyclage.

La surface entière de la Terre, les mers, les terres, le ciel, sont remplis d'êtres vivants. C'est parce que cette surface est ronde que les êtres vivants s'y sont répandus et se sont rencontrés. Bien avant que les plantes et les animaux n'évoluent, les archébacs ont recouvert la terre et travaillé ensemble à créer un air riche en oxygène, des mers et des sols riches en nutriments.

Nous avons dit plus tôt que la vie pouvait être vue comme « de la roche qui se réorganise ». Nous avons vu que les bactéries qui ont recouvert la Terre sont faites de terre, et récupèrent les minéraux des roches et les eaux des mers pour leurs propres protéines. Si nous pouvions suivre les histoires de vie de ces mêmes atomes, ou même de ces molécules, à travers les différents âges de la Terre, nous les verrions parfois faire partie de la croûte terrestre, parfois faire partie des créatures vivantes.

Nous avons aussi vu plus tôt que les cadavres des êtres vivants forment les sédiments dans les mers et qu'ils sont pressés dans la roche. Cette roche est par la suite fondue et recyclée par les volcans, avant de se transformer à nouveau en êtres vivants. En dépit de la lenteur du cycle de vie des roches, il n'y a pratiquement pas de roche à la surface de la Terre qui n'ait fait partie, à un moment ou un autre, d'êtres vivants.

Ainsi, quand on voit la Terre comme un tout, on observe le mouvement des grandes plaques tectoniques qui font circuler la roche sous forme de magma fondu dans le corps de Gaïa qui danse ; ce dernier s'écoule lentement à la surface, puis se refroidit et devient roche, comme la peau de Gaïa. La roche se transforme en microbes, en champignons, en végétaux et en animaux. Lorsqu'ils meurent, leurs corps sont à nouveau pressés dans les sols et les fonds marins. Ils seront ensuite pressés si profondément dans les plaques tectoniques que le glissement et la chaleur les feront à nouveau devenir magma.

La roche n'est pas la seule à se faire recycler dans le corps vivant de la Terre. L'eau de mer est elle aussi recyclée grâce aux corps qui y vivent, bien que le processus soit plus lent que pour l'air. Elle est cependant recyclée plus rapidement que la roche. Et chaque molécule d'air que vous respirez a récemment été dans le corps d'un autre être vivant ! Était-ce votre chat ? Les enfants au bout de la rue ? L'herbe et les arbres des alentours, ou ces oiseaux ? Les microbes sur votre peau et sur vos vêtements ? La brise venue du sud ? La vapeur qui s'échappe de la cuisine de votre mère ? Ce pourrait être tout cela, mais c'est certainement plus encore. Qui ou quoi sera le prochain à respirer l'air que vous expirez en ce moment ?

C'est cela que signifie être en cocréation avec tous les êtres vivants. Vous êtes totalement connectés à votre monde. Le monde vous crée comme vous créez le monde. Nous y reviendrons plus tard.

Sur les planètes telles que Vénus ou Mars, il n'y a pas d'écosystème dans lequel les êtres vivants puissent vivre, parce qu'il n'y a pas d'êtres vivants qui, ensemble et pour les autres, créent ces écosystèmes. Il n'existe pas de système de circulation de la roche, de l'eau, de l'air, et ces planètes ne peuvent donc pas accueillir la vie. Et puis, comme nous l'avons dit plus tôt, l'une est trop chaude, l'autre est trop froide. Seules les planètes dotées d'éléments qui circulent et changent, ainsi que de températures favorables, peuvent devenir des planètes qui vont vivre et évoluer.

Vénus et Mars ont toutes les deux des atmosphères immuables, composées principalement de dioxyde de carbone. Il est facile de se rappeler de ce qu'est le dioxyde de carbone quand on regarde les atomes qui composent ses molécules. Dans chacune d'elles, un seul atome de carbone danse avec deux atomes d'oxygène, *di* signifiant « deux ». Sur Terre, les producteurs d'oxygène utilisent l'énergie solaire pour séparer l'atome de carbone, puis ce dernier pour se construire, et ils relâchent les deux atomes jumeaux d'oxygène sous forme de gaz. C'est la raison pour laquelle ils sont appelés *producteurs*. Ils remplissent l'air d'oxygène, et quand ils meurent, leurs atomes de carbone sont enfouis dans le sol ou au fond des mers.

D'autre part, les utilisateurs d'oxygène reconstituent et relâchent sans cesse le dioxyde de carbone dans l'air. Les êtres vivants ont tous besoin de carbone pour construire leurs molécules, et il y en a toujours en abondance, enfoui dans le sol ou flottant dans l'eau et dans l'air.

L'air est le même un peu partout sur la planète parce qu'il se déplace rapidement et se fait ainsi brasser, ce qui lui permet de demeurer homogène. Les mers circulent tout autour de la Terre, mais pas aussi rapidement que l'air. L'équilibre des substances chimiques des mers est conservé grâce à de minuscules créatures qui y vivent, telles que les diatomées dont nous avons parlé. La surface des mers et les eaux peu profondes qui bordent les rivages reçoivent plus de lumière et d'énergie solaire, et elles ont ainsi été des lieux propices à l'évolution de Gaïa dans son jeune âge.

Les bactéries fabriquent et utilisent d'autres gaz dans notre atmosphère. Et voici quelque chose de très intéressant. Si elles et d'autres créatures vivantes venaient à s'arrêter, les gaz de notre atmosphère s'enflammeraient mutuellement, ne laissant quasiment que du dioxyde de carbone, comme sur Mars et sur Vénus ! La seule raison qui fait que notre atmosphère demeure telle quelle provient du fait qu'elle est constamment renouvelée par les êtres vivants qui préservent son équilibre.

Comme il est étonnant que le système entier demeure en parfait équilibre pour accueillir la vie, sans qu'aucune espèce n'en soit responsable, mais que pourtant, toutes y jouent leur rôle.

Retournons maintenant au moment où les créatures se construisaient en différents types de cellules. Souvenez-vous que les archébacs sont passés au travers d'une longue phase de créativité et de compétition juvénile avant de commencer à coopérer et à former des cellules nucléées nommées *protistes.* C'est de la même façon que les nouvelles coopératives de protistes géants, justement parce qu'elles étaient nouvelles, ont eu à traverser leur propre phase de créativité et de compétition juvénile. Au cours de cette phase, elles ont évolué en de multiples formes et types de protistes, traçant leur chemin en d'innombrables manières habiles.

Elles ont, elles aussi par la suite, découvert l'avantage de la coopération et ont commencé à former des créatures multicellulaires. En d'autres mots, elles ont découvert qu'il en coûtait moins de nourrir ses ennemis que de les tuer, et ont gagné en maturité coopérative.

Ces nouvelles créatures multicellulaires, qui étaient en fait des coopératives de protistes, sont à leur tour devenues le nouveau type juvénile de créatures vivantes dans la danse de Gaïa. Puis elles ont mûri et sont devenues les espèces étroitement liées des écosystèmes coopératifs. Voilà ce qu'est la coévolution !

Voyage d'un atome de silicium

Je suis atome de silicium
Né du ventre d'une supernova
Lancé dans l'espace en un dernier sursaut de gloire
Entraîné dans la grande roue de son nuage de poussière
Figé dans une planète au cœur brûlant fondu.

Je roule depuis l'éternité dans les vagues lentes du magma
Profondément enfoui sous la croûte qui s'épaissit
Enfin vomi par la gueule d'un grand volcan
Craché avec splendeur
D'un jet de feu dans la nuit noire.

Je viens me reposer dans le basalte noir luisant
Attendant patiemment les pluies
Qui me délogeront de ce roc immuable et nu
Lavé soudain par un ruisselet qui dégringole
Jusqu'à la rivière puis dans la mer.

Oh ! Cette gloire lorsque je suis saisi
Et lié à la coquille cristal d'un radiolaire
Dessins fabuleux des minuscules créatures marines
Aussi délicats que des ornements de verre soufflé
Splendides comme les couronnes des rois.

Mais peu me vaut cette courte vanité
Alors que je coule au fond de la mer
Et suis englouti par la tripe d'un trilobite ;
Puis de nouveau avalé par un nautile impérieux
Qui, soufflant, trace ses couloirs par les eaux sombres
Tout en me construisant dans sa coque striée.

Et maintenant, quel immense bouleversement
Que celui du ventre de la Terre qui gronde
Et mon nautile auquel je me suis attaché, dira-t-on,
Est rejeté sur la terre ferme alors que les eaux se retirent.

Et ma poussière d'étoiles est broyée dans la poussière de terre
Dans l'agonie de la croûte terrestre qui force une plaque contre une autre.
Je suis soufflé, encore atome de silicium, vers de nouvelles montagnes
Dans les tempêtes de sable rouge jusqu'à nouveau venir me reposer
Dans les mers intérieures peu profondes
D'où lentement émergent les marécages.

Puis je deviens plante mangeuse de chair et aile de libellule
Tout ce qui m'absorbe devant payer le prix
De me voir me dissoudre à nouveau
Afin que d'autres choses puissent se former.
Je subsiste à présent dans les grands arbres écailleux
L'un après l'autre, jusqu'à ce que je sois enfoui sous Terre
Par les piétinements lourds des dinosaures aux queues traînantes.

Je suis charbon, compagnon de légions d'atomes de carbone
Qui ont leur propre histoire pour nous conter la longue nuit de repos
De la quiétude sous la surface de Terre.
Qui sait combien de fois les mers vont et viennent au-dessus de nous
Les déserts s'assèchent, les pluies reviennent ?

Enfin, les entrailles de Terre s'agitent encore.
Je vois soudain la lumière du jour
Qui ravive mon désir de nouveaux voyages.
Les marécages, les piétinements, ont disparu, ou bien ?
Car voici bientôt des hordes de buffles qui retentissent
Pour paître les terres vastes et lointaines.

Je fais alors connaissance intime
Des prairies herbeuses
Voyageant dans leurs longues flûtes
Pour croître dans un nouveau brin d'herbe
Chacun d'entre eux renouvelés par le cycle de vie et de mort.

Le cycle se rompt lorsque les pluies torrentielles
Relâchent ma servitude.
Mon voyage se poursuit dans les eaux tourbillonnantes
Jusqu'à ce qu'un filament de champignon me happe
Le long d'une rive sablonneuse
Et m'attire en lui.

Le champignon vit parmi les racines des plantes
Portant nourriture et donc un jour, je suis échangé
Sucé le long des racines vers la tige puis la feuille
Où je scintille dans le soleil et sous la pluie
Tandis que la plante fabrique sa nourriture et vit sa vie.

Un jour, un daim vient grignoter sur la rive
Et puis j'y suis, dans son corps sombre et chaud
Me déplaçant sans cesse entre son sang et ses cellules
Jusqu'à ce que le daim soit tué par un loup.

Je suis laissé pour compte
Après que le loup et ses petits aient festoyé
Pour les vautours, les vers, les mouches

Et des légions de minuscules microbes, grands recycleurs
Ne sachant lequel me renverra sur ma route.

Je chemine ainsi
Dans la coquille d'un petit scarabée
Qui voit sa fin venir, happé par une grenouille
Qui dès après m'avoir avalé
Est à son tour recyclée dans un grand héron blanc
Qui excrète sans cérémonie dans la rivière
Mon petit morceau de coquille de scarabée
Encore non digéré
Là où les eaux dissolvent ma petite aile de scarabée
Me relâchant pour culbuter à nouveau libre.

Puis, sur la surface luisante
Une rafale m'élève dans les airs
De plus en plus haut jusque dans un épais nuage gris
Puis encore plus haut dans les franges clairsemées
Soufflées vers des climats plus froids.

Oh ! La nouvelle aventure haut dans le ciel
Par-dessus le bas soleil printanier de l'Arctique.
Je cristallise dans un flocon
Et je retombe sur la blanche couverture de Terre
J'y attends la fonte estivale.

Déboulant encore par les ruisseaux cristallins
Bordés de champs de fleurs
Je suis de nouveau lavé jusqu'à la mer.

Ils n'y sont plus les trilobites
Les formes de vie que j'ai connues
Oh ! Mais quels merveilleux moments surgissent
Alors que je circule dans le plancton
Et les herbiers marins et les poissons
Les tubicoles et les homards
Des mers froides et tropicales
Ravi de cette si grande diversité
Rejouant sans cesse mon rôle
Dans la grande danse de la vie.

C'est une éternité ou de simples moments s'écoulent ?
Alors que je gis parmi les sédiments marins
Pressé de plus en plus profondément
Alors que couches de sable et de boue se déposent sur moi
Piégé par le plancher marin qui grandit
Jusqu'à ce qu'il rencontre
Le bord d'une autre plaque de croûte terrestre.

Pressé encore plus bas
La vieille chaleur familière du cœur de Terre me réchauffe
Me ramène au magma fondu
Quand ce voyage a débuté,
Me ramène à mes frères
Dont les récits rivalisent avec le mien.

Nous connaissons le corps de Terre
Dans tous ses magnifiques tours et ses détours
Nous connaissons les détails de sa vie intime
La vitesse et l'intrépidité de ses cascades
La marche mesurée de ses nuages d'orage
Le rythme des montagnes et des prairies
La paisible chute des neiges
Nous connaissons la chaleur du désert
Et sa froidure sous la lune
Nous connaissons les landes et les montagnes
Puisque nous avons été microbes, champignons et plantes
Nous avons volé avec les scarabées et les oiseaux
Nous avons été poissons dans les profondeurs des mers
Et les créatures qui les ont à leur tour pêchés.

Il n'y a pas de partie du corps de Terre
Que nous n'ayons partagé
L'incessante danse improvisée de la vie
Combien d'atomes de silicium dansent en vous ?

11
Improvisation dans la danse

La coévolution n'était pas conçue d'avance, elle s'est produite alors que les créatures expérimentaient toutes sortes de formes de vie dans la danse de Gaïa. Nous nommons cette danse improvisée ou « impro », une danse que le ou les danseur[s] inventent au fur et à mesure de leur évolution. Eux-mêmes ne connaissent pas la suite des événements lors de cette improvisation !

Révisons les sauts évolutionnaires. Tout d'abord, les archébacs commencent leur vie comme molécules coopératives faites de protéines, de graisses, de sucres et d'acides (l'information emmagasinée par les molécules d'ARN/ADN). Ensuite, les protistes émergent comme coopératives d'archébacs. Troisièmement, les créatures multicellulaires en viennent à vivre en coopératives de différents types de protistes. Ainsi, à chaque stade, des coopératives élargies sont formées dans la danse.

Ce que nous observons dans cette séquence, c'est que chaque grand saut de l'évolution s'est produit sous la forme d'une coopération qui surgit lorsqu'un nouveau type de créatures dépasse le stade du jeune âge et parvient à maturité en découvrant les avantages de la coopération. Au cours de son jeune âge, elle entre en concurrence et utilise les ressources à toute vitesse, à la manière darwinienne, tout en se reproduisant follement. Puis, elle découvre que la coopération détient un avantage merveilleux, beaucoup moins exténuant que la compétition incessante, puisqu'elle demande moins d'énergie. Et, elle offre de toutes nouvelles possibilités pour créer des formes de vies plus étendues et plus complexes.

Ces trois plus grandes étapes de l'impro de la danse de Gaïa se sont déroulées pendant plus de trois milliards d'années, ce qui représente les trois quarts de la vie de la Terre jusqu'à nos jours ! L'évolution semble avoir été lente au début et s'être accélérée par la suite. Elle se déroule à l'heure actuelle si rapidement que nous éprouvons de la difficulté à demeurer à jour avec nos propres changements, dans l'espace d'une seule vie !

Voyons comment les nouvelles créatures multicellulaires ont expérimenté les divers designs de créatures. Elles ont d'abord introduit la découverte de la reproduction sexuelle, en combinant le sexe originel et la reproduction. Souvenez-vous de la manière dont elles emmagasinaient la totalité de l'information pour pouvoir créer des cellules qui pourraient se diviser en demi-zips. Quand ces derniers étaient relâchés par les protistes, ils pouvaient trouver des cellules du même type pour s'apparier et former de nouveaux protistes.

Certaines espèces ont tenté d'avoir plus de deux sexes, oui cela est possible au plan biologique. Par exemple, nous pouvons voir que la paramécie qui se trouve dans l'eau des étangs, lorsqu'observée au microscope, possède huit différents sexes, mais que deux d'entre eux ont paru mieux fonctionner, lorsque la danse de l'évolution s'est poursuivie : le mâle et la femelle.

Chez les protistes ainsi que chez les premières créatures multicellulaires, les mâles et les femelles faisaient souvent partie du même corps. Certains végétaux et animaux fonctionnent encore de nos jours de cette façon, les vers de terre par exemple ainsi que plusieurs espèces de fleurs. Mais même les fleurs, qui sont dotées des deux sexes, coopèrent avec les abeilles en leur offrant leur nectar afin qu'elles puissent fabriquer du miel et transporter des cellules de pollen mâle d'une fleur à l'autre. Elles ne pensent peut-être pas à la coopération de la même manière que nous, mais la connaissance de la coopération est présente à la fois chez les abeilles et les fleurs, tout comme ailleurs dans la nature.

Lorsque, pour un nombre accru d'espèces, les mâles et les femelles se sont séparés en créatures distinctes, ils ont continué à coopérer à la danse de la vie, en faisant des petits qui associaient des cellules demi-zips entre elles. Et les mers anciennes se remplirent alors des expériences de créatures multicellulaires, de vers rampants, de méduses flottantes, d'animaux microscopiques qui continuèrent à vivre en colonies en tant qu'éponges et coraux, palourdes et calmars, et toutes sortes d'autres designs.

Les animaux des récifs coralliens amassaient des minéraux dans leurs corps pour se faire des coquilles qui restaient sur place lorsqu'ils mouraient. À partir d'eux, d'énormes récifs de corail se sont bâtis, les plus grandes choses jamais construites par des créatures vivant sur Terre. Ces récifs coralliens sont devenus des environnements accueillant un nombre croissant de créatures coralliennes ou autres qui y vivaient, et qui ressemblaient bien souvent à de grandioses jardins en fleurs, même s'ils étaient constitués d'animaux.

Les premières créatures animales et végétales se sont parfois tellement entrecroisées qu'il nous est difficile de les inclure dans nos systèmes de classification. Certaines d'entre elles sont devenues de telles spécialistes dans l'utilisation de l'oxygène pour produire de l'énergie, qu'elles ont abandonné leurs chloroplastes utilisateurs de lumière solaire et se sont transformées en animaux. En fait, peut-être ces derniers ont-ils évolué à partir des plantes qui ont perdu leurs chloroplastes. Sans leur aide, ils ne pouvaient plus produire de nourriture à partir du sol, de l'eau et du soleil, tout en demeurant solidement enracinés sur place. Ils ont donc dû évoluer pour trouver, chasser, attraper leurs proies et s'en nourrir. En d'autres mots, ils ont dû évoluer en devenant des animaux !

Gaïa a produit bien des mélanges et des appariements lors de sa danse de l'évolution. De nos jours encore, nous trouvons de gigantesques palourdes vertes qui utilisent les chloroplastes incrustés sur leur peau pour produire une partie de leur énergie. Et lorsque nous observons les anémones de mer, elles ressemblent bien plus à des fleurs qu'aux animaux qu'elles sont. Les végétaux et les animaux peuvent être beaucoup plus liés les uns aux autres que diverses sortes de bactéries !

Les biologistes évoquent cinq « règnes » de vie sur Terre : les bactéries procaryotes sans noyau sont appelées des *Monères*, et les procaryotes unicellulaires, des *Protoctistes*, ce qui signifie « premiers bâtisseurs », ou tout simplement *protistes*. Le troisième règne est celui des *Fungi*, tels les moisissures et les champignons qui ne sont ni végétaux ni animaux. Puis finalement, viennent les règnes végétal et animal, ceux que nous connaissons le mieux.

Les végétaux et les animaux sont multicellulaires, leurs cellules sont dotées de mitochondries et ils se reproduisent la plupart du temps par le biais de la sexualité. Comme vous le savez, les plantes fabriquent presque toute leur énergie à partir du soleil, grâce à leurs chloroplastes, tandis que les animaux n'ont habituellement pas de chloroplastes et obtiennent leur énergie à partir d'une variété alimentaire qu'ils doivent trouver, attraper et manger.

Les cinq règnes dansent leur vie en formant des écosystèmes selon une interdépendance complexe. Les bactéries, ou les monères, et les plantes qui fabriquent leur énergie à partir du soleil deviennent nourriture pour d'autres bactéries, tout comme pour les fungi et les animaux. Lorsqu'ils meurent, les corps des fungi, des végétaux et des animaux sont à leur tour défaits molécule par molécule par les bactéries et transformés en terre arable à partir de laquelle les plantes peuvent croître. La vie et la mort sont toutes deux importantes dans la danse de Gaïa. L'une ne pourrait être sans l'autre.

La mort n'est jamais une fin en soi, mais toujours la chance d'un nouveau début. C'est cela, la sagesse de Gaïa. Et puis, elle nous défie pour que la vie reste saine. Chacune de ses créatures a la volonté de vivre. Même si elle doit mourir pour que d'autres puissent vivre, elle essaie de se protéger aussi longtemps qu'elle le peut.

Depuis le moment où le premier écosystème complexe de créatures unies et multicellulaires des mers anciennes est apparu, les plus grosses créatures ont mangé les plus petites afin de pouvoir survivre. Lorsque les plus gros meurent, les plus petits peuvent à leur tour s'en nourrir. La même créature peut être une bonne nourriture pour celui qui la chasse et de mauvaises nouvelles pour celui qu'il prend en chasse. C'est la raison pour laquelle les êtres vivants ont dû apprendre à se protéger avec des coquilles, des habitats sécuritaires, en sachant nager ou courir, ou encore répandre des nuages d'encre autour d'eux pour éviter d'être vus. Ils ont dû améliorer leur vision, leurs dents, leurs mâchoires et leurs cerveaux, ou bien tester de nouvelles couleurs ou de nouvelles formes pour se camoufler. Le camouflage fait en sorte que l'on ressemble tellement à ce qui nous entoure, que l'on ne peut être détecté par celui qui nous a pris en chasse ou que nous voulons attraper.

D'autres dangers existaient également tels que la pénurie de nourriture et le fait de devoir se déplacer vers de nouveaux écosystèmes. Cela signifiait apprendre de nouvelles choses qui nous permettent de vivre dans de nouveaux lieux. Lorsque les premiers végétaux sont sortis de la mer et ont atteint les rivages, ils ont dû apprendre à renforcer leur corps pour pouvoir se tenir debout sans s'écrouler et pour ne pas s'assécher du fait qu'ils n'avaient plus d'eau de mer pour les protéger. Lorsque plus tard les animaux ont suivi, ils ont dû apprendre à respirer l'air, ce qui signifiait qu'ils ont eu à développer des poumons.

Comment les créatures ont-elles pu apprendre de telles choses ? Comment pouvaient-elles changer leur design de tant de multiples façons ? Si l'on se place de l'ancien point de vue de l'évolution vue de manière mécanique, ils n'ont pas du tout eu à apprendre. Cela est survenu par accident génétique, et les accidents chanceux qui permettaient d'améliorer la vie ont été sélectionnés automatiquement pour demeurer dans le génome et passer ainsi aux générations suivantes.

Après tout, un mécanisme peut faire seulement ce pour quoi il a été construit, et la seule façon dont il peut changer survient à partir d'une erreur de construction, ou par de nouvelles combinaisons de gènes à partir des deux parents. L'appariement des parents est lui aussi considéré comme un événement accidentel, tout autant que les erreurs pouvant être copiées par les gènes.

Darwin avait dit que si un petit changement accidentel améliorait le fonctionnement d'une créature dans son environnement, alors, celle-ci vivrait afin de pouvoir transmettre le changement à son petit. Ces petits grandiraient à leur tour, et seraient plus forts ou mieux adaptés que les autres, qui eux, pourraient éventuellement s'affaiblir et mourir, ou encore être mangés, ou bien mourir d'inanition. Les générations suivantes les « mieux adaptées » devraient ensuite attendre que se produisent de nouveaux accidents lors de leur reproduction pour pouvoir améliorer le design.

En expliquant les choses ainsi, il nous est très difficile de voir comment les designs d'yeux ou d'ailes ont pu être réalisés. Il paraît impossible que les yeux aient pu se développer de manière accidentelle, d'un petit changement à l'autre, si chacun d'eux se devait d'être utile pour être « sélectionné ». Un œil est un organe, et il doit s'organiser à partir d'une série complexe d'éléments fonctionnels.

La nouvelle manière d'expliquer l'évolution nous permet de voir que la vie s'organise de façon intelligente et surtout coopérative. Un nombre croissant de scientifiques reconnaissent que la nature ne pourrait exister sans être intelligente jusque dans ses plus simples éléments. Les bactéries sont très fortes dans le réseautage social pour la résolution de problèmes. Elles peuvent se transformer pour digérer une nouvelle nourriture qu'elles ne pouvaient manger auparavant, pour se protéger des rayons ultraviolets, comme nous l'avons vu, et pour accomplir bien d'autres choses que nous ne connaissons même pas encore. Ce qui est toutefois accepté de plus en plus, c'est qu'elles le font avec intelligence.

Nous savons que même les éléments chimiques encore plus simples que la plus simple des bactéries s'organisent pour créer du nouveau. S'il est vrai que les premières molécules de protéines se sont formées à partir de molécules plus simples de sucres et d'acides qui, par accident, flottaient ou étaient portées par les vents, cela ne veut pas dire que l'on aurait pu créer de nouvelles créatures par simple accident, de la même manière. La création de bactéries demande une organisation incroyable. Et, comme nous l'avons vu, les bactéries ont eu à s'organiser pour devenir protistes, de même que ces derniers ont eu à s'organiser en créatures multicellulaires. Les écosystèmes sont faits d'une multitude de types de créatures qui travaillent tous ensemble sans que quelqu'un en soit responsable !

Les environnements changeants poussent les créatures à s'organiser et à se réorganiser, tout comme la chute de la température provoque de la vapeur pour que les molécules se réorganisent en eau, et l'eau en glace. La vapeur, l'eau et la glace sont toutes faites des mêmes molécules, mais pour chaque niveau de température, elles trouvent la meilleure façon de réarranger au mieux les figures de leur danse. Étonnamment, bien que la température change graduellement, les molécules se réorganisent de manière soudaine aux points d'ébullition et de congélation. Nous pouvons nommer cela des *points de bascule* lorsque la force de changement s'accroît au point où le nouvel état survient soudain !

Les êtres vivants accomplissent de telles choses, et c'est en cela que l'évolution n'est pas un processus de changement graduel et en douceur. Quand on voit le temps depuis lequel les bactéries existent, on constate que leur organisation en cellules eucaryotes, soit leur partenariat avec les noyaux, a été relativement soudaine. D'une part, l'environnement les a poussées au changement, puisqu'elles ont dû apprendre à transformer l'oxygène en quelque chose de bénéfique à leur survie. D'autre part, les premières créatures ont expérimenté des modifications de leur réorganisation interne et fait évoluer les figures de cette grande danse improvisée.

Certains motifs qui ne fonctionnent pas bien à un moment ou un lieu donné peuvent mieux fonctionner ailleurs. Il semble que la protéine et le génome de l'ADN aient appris à garder en mémoire les plans qu'ils avaient testés et qui avaient échoué. Cela leur donnait des plans de réserves pour de nouvelles situations d'urgence. Le génome de chaque être vivant contient un bien plus grand nombre de plans que ceux qu'il utilise. On dirait qu'ils ont été emmagasinés tout au long de l'évolution.

Par exemple, les scientifiques ont été très surpris de trouver des gènes d'archébacs dans le génome humain ! De telles réserves de plans peuvent expliquer pourquoi certaines espèces sont arrivées à de nouveaux designs de façon soudaine, en beaucoup moins de générations que si les changements accidentels s'étaient accumulés. Et ce, avec une meilleure organisation que celle qui pourrait s'expliquer par le biais des accidents. C'est un long parcours que celui des quelques cellules sensibles à la lumière jusqu'au motif d'un œil hautement organisé et qui fonctionne. Les accidents dus à la chance ne pourraient l'expliquer.

Darwin a reconnu lui-même que cette théorie posait problème. Bien entendu, nous pouvons imaginer que les créatures ont tenté depuis longtemps de voir, en essayant toutes sortes de combinaisons, échouant, mais les gardant en mémoire, tout comme un inventeur le ferait. Et puis soudain, un jour, un inventeur peut se souvenir de quelque chose qu'il avait tenté il y a longtemps et qui pourrait fonctionner, maintenant qu'il a progressé dans son invention.

Le premier œil qui a fonctionné provenait peut-être de plans anciens, comme cela se produit parfois chez ces inventeurs patients et attentifs. Il se serait ensuite peu à peu amélioré, grâce à de légers changements. En fait, on dirait que les yeux ont été inventés plusieurs fois par différentes espèces, au cours de l'évolution.

Si les créatures utilisent les plans qu'elles gardent en réserve pour des situations nouvelles, elles doivent demeurer ouvertes à de nouveaux développements. Quand elles se spécialisent trop, elles ne peuvent plus changer. À la fin de l'ère des dinosaures, ceux qui s'étaient spécialisés en se créant d'énormes corps sont morts. Ils ne pouvaient redevenir aussi petits que ceux qui survécurent.

Un grand nombre d'insectes se sont spécialisés sous forme de corps menus et durs, tout comme des armures, qui ne pouvaient grossir. Cela signifiait que rien à l'intérieur ne pouvait grossir non plus. Nous pouvons dire que cela fonctionne bien puisqu'ils ont survécu très longtemps, mais il leur est toutefois difficile de continuer à évoluer. Il semble que les scarabées resteront scarabées à tout jamais !

En conservant les bons designs tout en les laissant ouverts à des changements improvisés, Gaïa a trouvé la meilleure façon d'évoluer. Dans le monde animal, les os qui grandissent en même temps que l'animal sont une bonne façon d'assembler son corps tout en laissant de l'espace pour qu'il se développe autrement. La marche à quatre pattes était une bonne chose. Cependant, le design de la patte est demeuré suffisamment ouvert chez certaines espèces animales pour que le même motif de l'os de base se transforme en ailes, en nageoires ou en bras, afin de s'adapter aux divers environnements et modes de vie.

L'histoire de l'évolution est plus fascinante que n'importe quelle histoire que les gens n'aient jamais inventée pour expliquer la vie sur Terre. Elle parle de créatures qui s'inventent elles-mêmes, chacune d'elles créant des millions de designs divers et audacieux. Cela renvoie à la manière extraordinaire qu'elles ont trouvée pour vivre ensemble et se nourrir en tant que créatures d'une seule planète vivante, dotée d'un unique système d'eau et d'air et d'écosystèmes étroitement interreliés. C'est une histoire qui parle d'aventure, de compétition, de coopération, d'improvisation, d'harmonie et de problèmes incessants à résoudre de multiples façons.

Cette ancienne vision d'un monde mécanique, doté de créatures qui ont simplement évolué par accident pour s'adapter ou non à leur environnement, est beaucoup trop simple. Elle est en fait deux fois moins intéressante que ce que nous sommes en train de découvrir à propos de l'auto-organisation intelligente de la danse improvisée de Gaïa. Souvenez-vous qu'improviser signifie inventer au fur et à mesure, en utilisant votre intelligence pour résoudre tout problème qui survient et pour corriger les imperfections, de manière à ce que chaque danseur travaille en harmonie avec les autres. Pouvons-nous aujourd'hui le faire dans notre monde humain ?

L'organisation est à son paroxysme lorsqu'elle est coopérative et flexible. Elle ne peut demeurer longtemps fonctionnelle si elle devient trop rigide ou trop compétitive. Nous pouvons facilement le constater par le mécontentement que les gens éprouvent de nos jours dans l'organisation ancienne et mécanique de nos écoles, de nos lieux de travail et même de nos gouvernements, comme s'ils étaient censés travailler comme de vieilles machines huilées dont nous constituons les parties ! Les gens veulent maintenant être traités comme des êtres intelligents, des danseurs d'impro qui aiment réorganiser ces systèmes pour qu'ils fonctionnent au mieux pour tout le monde.

Chaque corps vivant plus grand qu'une cellule, incluant le vôtre, est une organisation de cellules intelligentes qui forment des organes, qui à leur tour, forment des systèmes à l'intérieur du système global du corps entier. Chaque corps, de même que celui des microbes, des végétaux et des autres animaux, est organisé en écosystème : les récifs de corail, les déserts, les forêts et les habitats construits par les êtres humains. Dans chacun de ces écosystèmes, les créatures servent de réserve de nourriture et d'habitat aux autres. Les réserves les plus fondamentales de gaz, d'eau et de minéraux circulent sans cesse dans chaque écosystème comme si ce dernier était un corps en soi. Tous ces écosystèmes mis ensemble forment le plus grand être de notre planète : Gaïa elle-même.

Gaïa s'est grandement complexifiée alors que les créatures improvisaient et coévoluaient, et elle a donc dû réorganiser sa danse. L'évolution n'est pas simplement le développement de grandes créatures à partir de petites, mais plutôt cette organisation incessante entre les éléments les plus grands, les plus petits, et ceux qui se trouvent entre les deux dans la danse de l'évolution. Voyons de plus près cette danse improvisée dans le temps, et les étapes de la danse où, au tout début, nous étions de simples créatures des mers.

12
Depuis les polypes jusqu'aux gens

Les polypes ont figuré parmi les tout premiers animaux multicellulaires qui ont peuplé les mers anciennes. Nous pouvons pourtant, aujourd'hui encore, les retrouver sous des formes qui s'apparentent à celles de végétaux. Les anémones de mer qui forment de magnifiques jardins fleuris sont en fait des polypes, des animaux, et les forêts de corail sont de vastes colonies de polypes. Les scientifiques les désignent comme des céphalopodes, ce qui signifie en grec « tête-pied ». Ce nom les décrit bien.

Le polype ressemble à un tube dont la bouche est entourée de tentacules à l'une de ses extrémités, tout comme les pétales d'une fleur. L'autre extrémité du tube s'accroche à la roche ou à un autre polype de la colonie. Et il reste là. C'est un animal simple, conçu essentiellement pour se nourrir en attrapant sa proie à l'aide de ses tentacules et pour l'enfourner dans sa bouche. Certaines de ses cellules sont conçues de manière ingénieuse pour piquer et paralyser sa proie.

Les polypes ont commencé à se reproduire tout simplement en bourgeonnant, et ils procèdent encore ainsi. Certains polypes se voient parfois assigner la tâche de la reproduction, alors que d'autres nourrissent la colonie. Chez certaines espèces, les nouveaux bourgeons sont figés sur les parents, mais on peut parfois assister à quelque chose de passionnant et de fort différent.

Le minuscule bourgeon se rompt, se retourne pour que ses tentacules pendent vers le bas et se met à flotter dans la mer. En se nourrissant et en grandissant, il devient une ombrelle blanchâtre aux rebords effrangés de banderoles qui retombent, une méduse qui n'est pas du tout un poisson. Le nom *méduse* provient du mythe ancien d'une femme dont la chevelure était faite de serpents. Les méduses ont appris la reproduction sexuelle. Elles ont produit la moitié des cellules femelles demi-zip et des cellules mâles demi-zip, tout comme d'autres animaux le font. L'œuf et le sperme se sont rejoints pour former une créature différente appelée *planaire*, une longue forme aplatie munie d'une frange de poils ciliés sur ses bords. La planaire nage librement pendant un temps, puis elle s'établit sur une roche et devient polype !

En évoluant, les polypes se sont répandus et se sont établis ailleurs, là où les réserves alimentaires étaient plus abondantes. L'état d'un polype adulte est toutefois l'une des spécialisations de l'évolution qui arrive à son terme et ne peut aller plus loin. C'est la raison pour laquelle les polypes contemporains sont les mêmes que ceux des temps anciens.

C'est dans la vessie de mer[1] que l'on peut peut-être observer ce que les polypes ont fait de plus extraordinaire. Cette créature au poison redouté n'est en fait pas du tout un animal, mais plutôt une colonie entière de polypes, de quatre types différents, dont la survie dépend les uns des autres. Elle flotte comme un seul polype sous forme d'une unique bulle ; ses tentacules sont des polypes qui trouvent et attrapent la nourriture et la passent à d'autres polypes qui la digèrent. D'autres polypes encore assurent sa fonction de reproduction. Cela nous rappelle les bactéries anciennes qui se sont regroupées afin d'assurer une division des tâches lorsqu'elles formèrent les premières cellules nucléées.

Certaines des planaires nageant librement semblent avoir décidé qu'une telle vie, grossir et se fixer, était ennuyante

1. NdlT : *Physalia physalis.*

et n'en valait pas la peine. Elles ont donc fait autrement et ont commencé à se reproduire d'elles-mêmes en nageant librement comme des animaux ; elles ne se sont plus jamais établies sur les rochers. Elles ont ainsi improvisé une tout autre manière de vivre.

C'était comme si Gaïa s'était retirée d'une voie sans issue de la spécialisation en choisissant ce nouveau style de vie avec les jeunes polypes qui étaient encore des nageurs libres. Nous verrons plus tard qu'elle a fait quelque chose qui ressemble beaucoup à ce que les êtres humains peuvent faire. On appelle *néoténie*, de son nom scientifique, une espèce qui tente quelque chose de nouveau alors qu'elle est dans son stade juvénile.

Les planaires ont continué à expérimenter afin d'améliorer leur vie. Certaines d'entre elles sont devenues des méduses, mais sans se fixer nulle part. D'autres, semble-t-il, ne s'en sont même pas souciées ; tout en demeurant sur les rochers, elles se sont transformées graduellement en des animaux plus complexes.

Les méduses ont inventé le système nerveux. Les premiers systèmes se composaient de quelques cellules nerveuses, et se seraient développés à partir de fibrilles retournées qui étaient en fait des tubes creux. Ces systèmes étaient une invention formidable pour l'envoi de messages d'une partie du corps vers l'autre, et ils ont véritablement aidé à l'organisation corporelle. Une fois que les animaux les ont découverts, ils les ont gardés et les ont constamment améliorés.

Ils étaient toutefois délicats et pouvaient facilement se dérégler. Les nouveaux animaux ont trouvé la manière de les protéger en faisant courir un tube souple et résistant le long du nerf principal situé dans leur corps allongé. Plus tard au cours de l'évolution, le tube enveloppera le nerf de manière à mieux le protéger. Lorsque ce tube évoluera sous la forme d'un os, il se divisera en sections qui formeront une épine dorsale aussi flexible que le tube l'était.

Mais bien avant qu'il n'évolue en épine dorsale, ce tube souple avait une autre utilité. Les inventions mènent souvent à d'autres inventions. De longues cellules qui pouvaient s'étirer et se rétrécir se sont attachées au tube et l'ont rendu sinueux. Ce fut la naissance des muscles, ce qui a permis aux animaux de se déplacer à partir de leur propre corps.

Bien entendu, les créatures à elles seules ne peuvent inventer d'épines dorsales ou de muscles. Mais nous pouvons dire qu'une espèce entière en est capable, d'une génération à l'autre, chacun jouant son rôle. Les développements les plus récents de la biologie évolutionnaire nous montrent que les créatures changent leurs génomes de manière intentionnelle à travers leur expérience de vie. C'est ce que prétendait Lamarck, biologiste ridiculisé jusqu'à nos jours par les partisans de Darwin. Il s'agit d'un tout nouveau champ de la biologie appelé *épigénétique*, innové par des gens tels que Bruce Lipton, qui se consacre à la manière dont elles s'y prennent pour le faire.

Nous ne savons pas réellement si les nouveaux animaux, qui ressemblaient de plus en plus à des poissons, descendent directement des planaires, ou bien s'ils ont expérimenté d'autres formes de vie auparavant. Les polypes se sont déployés en une vaste variété de vers et de bernacles et d'innombrables autres formes au cours de leurs différents stades de vie ; il est donc difficile d'identifier clairement une seule lignée évolutive.

Quoi qu'il en soit, les créatures qui nageaient librement et qui possédaient des nerfs et des tubes protecteurs ont évolué en poissons dotés d'épines dorsales. Un amas de nerfs positionné à l'une de leurs extrémités s'est transformé en un véritable cerveau. Les cellules sensibles à la lumière qui jouxtaient ce cerveau se sont organisées sous la forme d'yeux, et les bouches ont abandonné les tentacules pour les mâchoires et les dents.

Au cours des millions d'années où tout cela prenait place, étape après étape, d'autres lignées familiales s'occupaient à concevoir des designs forts différents. Un grand nombre d'entre elles conservèrent leurs corps mous et des tentacules autour de leur bouche, tels que les calmars ou les pieuvres. Eux aussi ont fait évoluer les yeux et les cerveaux. D'autres ont tenté des coquilles dures autour de leur corps au lieu d'os internes. Certaines coquilles étaient d'une seule pièce, tels les escargots. D'autres ont choisi le motif d'une double coquille, comme les palourdes. Et d'autres encore ont bâti leurs coquilles en sections et sont devenus un peu de tout, depuis les minuscules puces d'eau jusqu'aux crabes géants et aux homards. La plupart d'entre eux ont découvert les yeux et les cerveaux alors que d'autres ont improvisé pour décoder les éléments chimiques, les sons et les mouvements de leur environnement.

Nous avons dit plus tôt que les animaux peuvent être vus comme des plantes incomplètes, des créatures dotées de cellules qui contiennent seulement des mitochondries et qui ont perdu leurs chloroplastes. Ils sont incapables de demeurer tranquillement sur place tout en fabriquant leur nourriture et leur énergie, ils doivent chasser cette nourriture. C'est pour cette unique raison qu'ils ont dû évoluer en développant des squelettes, des muscles, des systèmes nerveux, des yeux, des oreilles, des mâchoires, des dents, des systèmes digestifs, des systèmes circulatoires, pour que tout cela puisse perdurer, toute la complexité de corps animaux mobiles, dont les modes de vie étaient la chasse et la cueillette.

Pendant ce temps, les plantes se sont essayées à des motifs plus fantaisistes à leur manière. Elles ont découvert que le fond des mers était riche en matériaux de construction laissés par les dépouilles de créatures ; certaines d'entre elles ont laissé leurs racines s'allonger pour atteindre ces matériaux, ce qui leur a permis de croître. D'autres se sont répandues sur les rives ; certaines sont devenues hautes et sèches. Elles se sont aventurées lentement sur les terres, là où les bactéries y vivaient depuis très longtemps et où l'humus avait lentement remplacé le roc nu. La pluie, l'humidité du sol et la lumière solaire leur ont permis de vivre et d'évoluer en de nouveaux designs. Elles ont mis du temps à développer des corps plus rigides et plus grands, qui puissent évoluer en fougères et par la suite en arbres.

Les plantes sont des spécialistes pour ce qui est d'obtenir leur nourriture sur place, tout comme les polypes le font à leur façon. La seule manière pour elles de bouger fut d'étendre leur croissance et d'éparpiller leurs spores, et plus tard leurs graines, dans les vagues et les vents, de la même façon que les polypes laissaient flotter les méduses et les planaires dans la mer. Mais elles n'ont jamais eu l'habileté ni senti la nécessité de développer des yeux et des cerveaux. Les scientifiques ont néanmoins démontré que les plantes peuvent pressentir le danger, réagir avec plaisir à la musique, communiquer entre elles, résoudre des problèmes et faire preuve d'autres signes d'intelligence.

On pense que les animaux ont pris beaucoup plus de temps que les plantes pour s'aventurer hors de la mer. D'abord, ils n'auraient pas eu grand-chose à manger avant que les plantes ne se soient répandues sur la terre. Et puis, ils ont évolué de manière beaucoup plus complexe que les plantes et ont dû procéder à un plus grand nombre de changements corporels pour pouvoir se déplacer sur terre et respirer l'air.

C'est en expérimentant des façons de répondre à ces défis qu'ils y sont parvenus. Beaucoup ont travaillé des designs qui leur permettaient d'aller et venir entre terre et mer. Ils ont été appelés *amphibies*, des créatures à double vie, car *amphi* signifie « double », et *bia* (du grec ancien *via*) signifie « vie ». Les grenouilles et les salamandres sont des amphibiens, bien que la plupart de ces derniers aient disparu.

Les amphibiens sont des animaux munis de squelettes osseux et de corps mous. Les animaux aux coquilles dures, appelées *arthropodes* du fait de leurs pieds articulés, *arthro* signifiant « articulé » et *pod* signifiant « pied », sont aussi parvenus à vivre sur terre et sont plus tard, devenus des insectes. Dans la mer, ils ont évolué en homards, en crabes et en crevettes.

Les premiers amphibiens ressemblaient à des poissons, ils rampaient à l'aide de leurs nageoires et ont appris à développer leurs poumons. Les nageoires s'étaient formées à partir de replis de la peau qui se sont dépliés, et il s'est passé bien du temps avant qu'elles ne soient remplacées par des pattes munies d'os. Il s'est passé beaucoup de temps également pour que les parties internes du corps se développent, mis à part les systèmes nerveux et musculaire. Les organes de la digestion se sont complexifiés, mieux organisés, et se sont adaptés à de nouvelles diètes. Le cœur et les vaisseaux sanguins ont transporté de l'oxygène et de la nourriture digérée (dans le corps), et ils ont recueilli les déchets. Les oreilles et le nez se sont développés pour que les animaux puissent entendre les sons et sentir les odeurs qu'ils se devaient de connaître.

Au bout du compte, certaines lignées évolutives d'amphibiens ont mené aux reptiles. Et certains d'entre eux ont par la suite évolué en dinosaures de toutes sortes et de toutes tailles, alors que quelques-uns entamaient la marche pour devenir des mammifères.

Les reptiles pondent des œufs, de même que les oiseaux qui ont évolué à partir d'eux, à cette différence près qu'ils s'occupent rarement de leurs petits. Leurs cerveaux sont si simples qu'ils ne peuvent même pas reconnaître leurs propres petits lorsqu'ils éclosent. C'est pour cette raison qu'ils dévorent parfois leur propre progéniture. Il ne s'agit pas de cruauté ; ils ne peuvent tout simplement pas les distinguer d'un autre type de nourriture. Ce défi chez les petits reptiles les oblige à grandir très rapidement pour pouvoir se sauver. Un bébé reptile est presque aussi habile à agir qu'un reptile adulte.

Les mammifères ont développé de nouvelles spécialités qui ont par la suite définitivement changé le monde animal. Mais pour être en mesure de comprendre ce changement, nous devons examiner d'un plus près les reptiles. Ce sont des animaux à sang froid, ce qui signifie que leur température corporelle se modifie avec la température ambiante. Lorsqu'il fait froid, leur corps se refroidit et ralentit, et lorsqu'il fait chaud, leur corps est réactivé. C'est à cause de cela, semble-t-il, que les dinosaures chassaient surtout le jour, lorsque le temps était au plus chaud.

Les mammifères ont trouvé une manière d'évoluer qui leur a permis de conserver leur température corporelle jour et nuit, et ce, qu'il fasse chaud ou froid. Ils ont aussi commencé à porter leurs petits dans leurs corps à sang chaud au lieu de pondre des œufs. Les animaux étranges tels que les ornithorynques figurent parmi les premiers types de mammifères à sang chaud, mais qui pondaient toutefois encore des œufs.

Lorsque les bébés mammifères naissent, ils sont beaucoup plus démunis que les bébés reptiles. Leurs parents doivent en prendre soin pour qu'ils puissent survivre. Ce besoin de prise en charge s'est avéré être un grand défi pour les mammifères, mais ils ont pu le relever grâce à leurs plus gros cerveaux améliorés, qui leur donnaient accès à des émotions que les reptiles n'éprouvaient pas, des cerveaux qui leur permettaient d'apprendre des choses que les reptiles ne pouvaient pas apprendre.

Les reptiles agissent à peu près de la même façon toute leur durée de vie. Leur comportement est programmé presque autant que la forme de leur corps. Ils chassent la nourriture, se mettent en valeur pour gagner leur partenaire, sifflent sur les étrangers qui viennent sur leur territoire et se battent si l'étranger ne se sauve pas ou bien s'il est comestible. C'est à peu près tout. Ils ne dorment même pas, ils se reposent tout simplement lorsque les nuits les refroidissent.

Les mammifères nourrissent leurs petits du lait de la mère, et ils sont les premiers animaux à dormir et à rêver. Le lait leur est une excellente nourriture, puisqu'il contient également des éléments qui les endorment et qui facilitent les soins qu'on leur donne. Les scientifiques ne connaissent pas exactement la raison pour laquelle les mammifères dorment. Peut-être cela leur permettait-il de se cacher le jour, lorsque les dinosaures étaient en quête de nourriture, et de chasser la nuit. Peut-être les images oniriques de dinosaures les gardaient-ils suffisamment vigilants pour qu'ils puissent se réveiller et s'enfuir si un dinosaure passait sa tête dans leur tanière.

Les émotions que les mammifères éprouvaient pour leurs bébés ont été les premiers indices de ce que nous appelons *amour* dans le monde animal. Les mères et les petits pleuraient lorsqu'ils étaient séparés, et ils se retrouvaient en reconnaissant leurs voix. Cela fut le début de la communication orale. Grâce à leurs gros cerveaux, les mammifères furent en mesure de transmettre leurs nouveaux apprentissages à leur progéniture, apprentissage mutuel de nouveaux modes de vie, de nouveaux comportements qui n'étaient pas prévus dans leurs schémas corporels.

L'une des choses qu'ils apprirent et transmirent fut le jeu. Celui-ci est probablement né lorsqu'on apprenait aux jeunes à chasser. Les mères leur montraient comment s'entraîner sans être trop rude entre eux, et ils en vinrent à aimer cela. Depuis, le jeu a évolué et il est devenu une part importante de la socialisation chez le mammifère.

Les mammifères les plus récents, comme les chats, les chiens et les singes, possèdent des corps flexibles qui facilitent les soins et les jeux auprès des petits. Les animaux aux pattes rigides, comme les cerfs et les chevaux, mènent des vies plus simples et soignent moins leurs petits, broutant surtout puisqu'ils ne mangent pas d'autres animaux, fuyant les prédateurs plutôt que chassant eux-mêmes. Leurs sabots en font certainement d'habiles coureurs, mais ils sont trop spécialisés pour pouvoir servir autrement. Leurs bébés peuvent courir avec les adultes presque dès leur naissance.

Nous avons, une fois encore, évoqué des millions d'années de changement en seulement quelques pages. Nous en sommes venus à un monde doté d'environnements riches, empli de végétaux et d'animaux, depuis les gastéropodes marins jusqu'aux poissons et aux baleines, d'insectes qui bruissent jusqu'aux grenouilles et aux animaux à fourrure. Un monde qui vit à partir de l'énergie solaire, de réserves créées par les bactéries, de végétaux qui fabriquent l'oxygène et qui pompent l'eau de pluie vers le ciel par leurs racines, leurs tiges et leurs feuilles. D'innombrables espèces d'êtres vivants qui dépendent les unes des autres et s'équilibrent mutuellement dans une grande danse de la vie. Les plus petites créatures sont nécessaires tout autant que les plus grandes, les plus faibles tout autant que les plus fortes, la volonté de vivre autant que la mort qui redonne vie nouvelle.

L'évolution ne consiste pas seulement en une longue chaîne d'espèces, car chaque maillon de la chaîne fait partie de cette danse évolutive de tous les écosystèmes. Chaque espèce a sa propre lignée évolutive dans la danse de l'évolution, mais toutes sont tissées ensemble alors qu'elles créent ces écosystèmes. Les espèces, qu'il s'agisse des microbes, des végétaux, des animaux ou des champignons, sont tels les organes d'une créature multicellulaire, chaque individu telle l'une des cellules de cet organe.

Bien que chaque créature soit comme une cellule d'un plus grand corps, elle est elle-même dotée aussi de ses propres organes. Et au sein de ses cellules, se trouvent de plus petites créatures que nous avons appris à connaître, les mitochondries et les chloroplastes. Même ceux-ci ont eu leur propre lignée d'évolution en partant des plus anciennes bactéries. C'est ainsi que chaque être vivant peut être lui-même, mais la plupart d'entre eux sont faits de plus petits êtres et sont aussi part de plus grands êtres.

Quoi qu'il se soit passé depuis que la croûte terrestre a commencé à se transformer en une peau vivante faite de bactéries, ces dernières peuvent toujours être considérées comme la forme majeure de vie sur Terre. La plupart des créatures multicellulaires, végétales ou animales, commencent leur vie à partir d'une seule cellule. Cela signifie que nous sommes tous des formes de vie provenant d'une seule cellule qui s'est divisée constamment à chaque nouvelle génération. Et que sont ces cellules uniques ou ces graines, desquelles nous avons été clonés ? Les descendants directs des anciennes colonies de bactéries !

Pensez-y ! La Terre elle-même peut être vue comme une super grosse cellule qui a évolué en deux types de cellules simples microscopiques : les bactéries et les protistes. Toutes les créatures multicellulaires qui sont apparues plus tard ont produit une seule cellule sous forme de spores, de graines ou d'œufs, de manière à pouvoir faire croître leur progéniture multicellulaire. Il est clair que les cellules simples sont la forme de vie la plus importante que nous connaissions.

La vie continue, car Gaïa ne cesse jamais sa danse et invente constamment de nouveaux pas. Chez les singes, l'expérience la plus récente de grand cerveau a semblé fonctionner aussi bien que celle des archébacs, qui se sont mis à respirer de l'oxygène. Tout comme la coopération des bactéries pour fabriquer des cellules nucléées, l'évolution des créatures multicellulaires et l'expansion de la vie dans les terres, hors des mers protectrices.

Que pouvait faire Gaïa avec cette expérience de grand cerveau ?

Elle possédait une vaste variété de designs de créatures magnifiques et fantastiques, qui tissaient entre elles leurs différents modes de vie et qui vivaient leurs vies sans jamais penser à elles-mêmes ou à leurs relations mutuelles. Elles savaient ce qu'elles faisaient, mais elles ne se questionnaient ni sur leurs origines ni sur là où elles allaient. Elles étaient plutôt comme des acteurs qui ont appris leur rôle d'une façon quelconque, et qui le jouent sans réfléchir au sens de la pièce.

Nous verrons maintenant que Gaïa a créé de nouveaux pas qui ont éveillé certaines de ses créatures afin qu'elles puissent voir cette pièce dont elles faisaient partie, qu'elles puissent y penser et tenter de l'appréhender, qu'elles puissent penser à Gaïa elle-même et comprendre suffisamment ses façons de faire afin de l'aider dans son plan de danse à venir. Tout cela nécessitait de plus grands cerveaux dans des corps suffisamment flexibles pour pouvoir apprendre et accomplir beaucoup plus.

Les animaux les plus malins et les plus flexibles se trouvaient être les singes bavards, qui se balançaient aux arbres, transportaient leurs bébés, leur enseignant à jouer, à construire des abris, à assurer leur sécurité. Nous ne savons pas réellement s'ils étaient comme les singes d'aujourd'hui, car cela s'est passé il y a des millions d'années. Certains d'entre eux ont évolué en grands singes, les ancêtres des gorilles, des chimpanzés et des gens.

Pour devenir humains, ces anciens singes devaient faire quelque chose qui ressemblait beaucoup à ce que leurs ancêtres les anciens polypes firent. Ils devaient allonger la période de leur enfance et cesser d'évoluer sous leur forme actuelle de singes ! En d'autres mots, ils devaient eux aussi mettre en pratique la néoténie, en innovant à partir de leur forme juvénile.

Alors que leur danse évoluait, leurs bébés naissaient plus tôt, avec des crânes mous, où les os n'étaient pas tout à fait formés. Les mères pouvaient ainsi enfanter des bébés aux têtes plus grosses, dont les cerveaux pouvaient continuer à grossir après la naissance.

Leurs visages gardaient des traits enfantins au lieu d'évoluer en visages adultes aux museaux, aux mâchoires et aux arcades sourcilières osseuses prononcés.

Lorsque vous observez des images de familles de chimpanzés, vous pouvez constater que nos visages humains s'apparentent mieux à ceux de bébés chimpanzés que de chimpanzés adultes. Sommes-nous des singes qui avons refusé de grandir, comme les planaires ? Est-ce la raison pour laquelle nous continuons à jouer et à apprendre la plus grande partie de notre vie ?

Nos ancêtres, lorsqu'ils étaient bébés, demandaient des soins sur une longue période de temps. Leurs dents poussaient plus tard, et ils avaient besoin de lait maternel, de chaleur, de protection et d'affection. Les longues enfances étaient merveilleuses pour le jeu et l'apprentissage, et les parents avaient tout leur temps pour leur enseigner avant qu'ils grandissent et quittent le nid.

À cette époque, les abris se trouvaient plutôt sur la terre ferme que dans les arbres. Les chimpanzés faisaient donc moins usage de leurs bras pour se balancer et pouvaient s'occuper à autre chose. Leurs pouces, leurs pieds et leurs squelettes évoluèrent en un meilleur design afin qu'ils puissent utiliser leurs mains, se relever et marcher. Les singes dotés de grands cerveaux en voie de devenir humains avaient des yeux qui pouvaient se concentrer facilement sur ce qu'ils faisaient et prenaient avec leurs mains, du fait qu'ils s'étaient balancés aux arbres.

Bref, ils devenaient humains. La vie avait parcouru un long chemin depuis les polypes jusqu'aux gens.

13
L'expérience des grands cerveaux

Les nouvelles créatures dotées de grands cerveaux agissaient de plus en plus humainement. Elles se mirent à vivre dans des grottes où elles se chauffaient et effrayaient les grands animaux en utilisant les feux de forêt. Peut-être aussi s'en faisaient-elles des amis pour assurer leur survie.

Certains indigènes ont, de nos jours, conservé l'habileté à échanger des informations avec les autres créatures par le biais de ce que nous appelons souvent la *télépathie*, bien que le mot communion soit plus approprié. Ils savent que leurs ancêtres pouvaient communier ainsi, bien avant l'apparition du langage parlé, tout comme nos cellules et l'ensemble des créatures non humaines échangent des informations entre elles. Les Mayoruna de l'Amazonie sont un exemple de ces peuples, tels qu'illustrés par Loren McIntyre, photographe du *National Geographic*, dans son livre *Amazon Beaming*, commenté par les textes de Petru Popescu.

Les animaux dont dépendaient les tribus pour se nourrir et se vêtir étaient considérés comme sacrés.

En voyant les peintures rupestres animales des anciennes grottes, nous pouvons constater l'amour que ces gens éprouvaient pour ces énormes et puissantes créatures. Imaginez-vous vivre dans une grotte en tant que bipède, dans une forêt pleine de gigantesques quadrupèdes, ours des cavernes, rhinocéros, mastodontes, lions et chevaux de l'ère glaciaire, comme le faisaient les premiers hommes d'Europe. Comment auriez-vous pu survivre sans avoir de bonnes relations avec ces créatures ?

Peut-être les mamans des cavernes demandaient-elles dans ce langage pensé : « Mme Ours des cavernes, dormirez-vous dans ma grotte cet hiver ? Je vous promets que mes enfants seront sages si vous les gardez au chaud. »

Quoi qu'il en soit, les premiers hommes ont appris à faire du feu et à fabriquer des outils. Ils ont fabriqué des lances pour chasser les animaux et des grattoirs pour transformer leurs peaux en de chauds et doux vêtements, et des leviers pour déplacer les rochers. Ils aimaient, se battaient, travaillaient et jouaient. Ils ont développé le langage parlé, en nommant les choses et les actions et en s'enseignant mutuellement les noms. Ils ont mimé des histoires en les dansant, puis ils ont commencé à les raconter. Et plus ils parlaient et chantaient leurs histoires, plus ils partageaient ce qu'ils avaient en tête, grâce à ce langage parlé. Par la suite, la plupart des gens ont même totalement oublié la manière intérieure de communiquer.

En parallèle à cette évolution humaine, l'environnement s'était lui aussi transformé en de riches plaines herbeuses et en des forêts denses, remplies d'insectes, d'oiseaux, d'animaux, de fleurs, de fruits et de graines. Un vaste système bactérien, des champignons, des insectes et des vers digéraient et décomposaient les végétaux et les animaux morts pour les transformer en humus. Sans ce travail, les plantes n'auraient pas eu de sol dans lequel croître, et sans l'existence des végétaux, les animaux n'auraient rien eu à manger ni de lieu pour bâtir leurs nids. Les plus gros animaux mangent les plus petits, et pourtant, les plus petits sont toujours en plus grand nombre. D'une manière ou d'une autre, Gaïa voit à préserver l'équilibre entre ses espèces, tout en les laissant évoluer en de nouveaux pas de sa danse.

Chaque danseur sait que les anciens pas doivent se dissoudre afin de laisser place à la création de nouveaux pas. Il est impossible de danser tous les pas en même temps. Un danseur ne se soucie pas de perdre les anciens pas. Ils étaient beaux en eux-mêmes et ils ont mené à l'évolution de nouveaux pas, mais ils ne peuvent être retenus si la danse doit poursuivre sa création de nouvelles figures.

C'est ainsi que Gaïa laisse chaque créature vivre son temps et ses pas dans sa danse. Ses plans sont transmis à ses petits, qui créent de nouveaux pas, et puis deviennent nourriture pour une autre espèce ou bien sont recyclés, lorsqu'ils meurent, en sol riche à partir duquel d'autres espèces peuvent vivre. Elle gère sa danse dans sa totalité pour qu'aucune espèce ne tue d'autres espèces, même si l'une d'elles est faite pour nourrir l'autre. Juste assez pour garder l'équilibre des choses. Les espèces ne sont pas non plus censées tuer les leurs, et il est très rare de trouver une telle chose dans la nature. Seuls les êtres humains s'entretuent en grand nombre.

Bien des espèces d'oiseaux, de poissons et de mammifères bâtissent leurs nids sur un coin de terre ou de mer qu'ils protègent comme le leur. Lorsque d'autres membres de leur espèce pénètrent sur leur territoire de vie, ils les préviennent par des chants ou des danses. En règle générale, les intrus se retirent et quittent les lieux. Même si une bataille a lieu, l'intrus sait à quel moment abandonner, avant qu'il ne soit sérieusement blessé ou même tué.

Les animaux ont des danses rituelles et des batailles inoffensives pour séduire et protéger leur partenaire, autant que pour préserver leurs nids et y avoir leurs petits. De tels rituels sont comme un système de règles d'une cohabitation pacifique. Ils permettent d'équilibrer les choses en disséminant les habitats des créatures sans qu'il y ait surpeuplement, et pour que tous aient suffisamment à manger.

Les êtres vivants bâtissent aussi des nids les uns pour les autres, comme les oiseaux et les insectes qui vivent dans les arbres ou les poissons qui vivent parmi les colonies de coraux. Dans chaque environnement que nous observons, nous voyons que l'interdépendance des espèces est complexe, et qu'elles se lancent des défis pour trouver de nouvelles manières créatives de vivre et d'évoluer.

Nous savons déjà que nos ancêtres lointains vivaient dans les arbres, s'y balançant grâce à leurs bras et se nourrissant principalement de fruits et de noix. Il s'agissait probablement de créatures assez paisibles, puisque leurs descendants, les gorilles et les chimpanzés, le sont aujourd'hui, aussi longtemps qu'ils possèdent le territoire qui leur est nécessaire pour subvenir à leurs besoins. Ils durent faire face à de nombreux défis et inventer de nouveaux modes de vie, dès lors qu'ils descendirent des arbres et qu'ils trouvèrent un nouvel environnement au sol. Leurs corps étaient plus vulnérables que ceux des autres animaux de leur taille, et ils ont donc dû dépendre de cerveaux encore plus gros pour résoudre leurs problèmes.

Les autres animaux de leur environnement s'affairaient plus ou moins constamment aux mêmes choses. Les schémas comportementaux étaient surtout innés, les animaux naissaient avec l'information quant à la manière de procéder, incluant celle d'enseigner à leurs petits ce qu'ils ne connaissaient pas d'eux-mêmes. Ces schémas leur ont permis de savoir comment se nourrir et comment obtenir leur nourriture, comment tisser des toiles d'araignées ou construire des nids, séduire leur partenaire et prendre soin de leurs petits, s'entendre.

Les corps et les cerveaux animaux ont toutefois grandi en complexité au fur et à mesure de leur évolution, et bien entendu, les comportements se sont eux aussi complexifiés. Peu à peu, ce sont des cerveaux plus complexes qui ont libéré les animaux de certains de leurs comportements innés et ont laissé place à l'apprentissage de nouveaux comportements, nés de leur propre expérience.

Les cerveaux humains ont évolué plus rapidement qu'aucun type de cerveau ne l'avait jamais fait. Nous pourrions dire qu'ils étaient l'expérience de Gaïa, qui voulait donner aux animaux plus de liberté qu'ils n'en avaient jamais eue. Gaïa était une mère exceptionnelle, travaillant jour et nuit à créer une variété infinie d'enfants, à veiller à ce qu'ils cohabitent harmonieusement. Elle misait sur le fait qu'ils apprendraient en expérimentant leur vie, en faisant leurs propres choix et en prenant leurs propres décisions. C'était un très grand pas dans la danse de l'évolution, un pas magnifique en quelque sorte, mais qui a engendré d'autres problèmes, comme nous le verrons.

Les premiers humains n'ont pas eu la vie facile. Leurs fourrures s'amincirent, leurs petits devinrent de plus en plus vulnérables puisqu'ils naissaient plus tôt. Mais ce sont les crânes mous de ces bébés qui leur permirent de développer leurs cerveaux après leur naissance. Au cours de sa première année de vie, un bébé humain triple la taille de son cerveau, ce qui dépasse celle d'un chimpanzé ou d'un gorille ! Et le bébé apprend de nouvelles choses tout au long de sa croissance.

En vivant au sol, les premiers humains ont ajouté le poisson et la viande de gros animaux à leur diète faite d'insectes, de vers, de petits animaux, de fruits et de noix disponibles dans les arbres. Ils n'avaient ni mâchoires aiguisées ni longues dents, et ils ont donc utilisé leurs doigts flexibles et leurs cerveaux astucieux pour se fabriquer des outils qui puissent creuser et découper, ainsi que des armes. La nourriture qui était en surplus les a aidés à préserver leur chaleur, et les peaux des grands animaux ont pu être utilisées pour se fabriquer des vêtements chauds. Les faiblesses qu'ils avaient les ont ainsi forcés à mieux utiliser et développer leurs cerveaux.

Ils surmontèrent leurs faiblesses en vivant et en travaillant ensemble en plus grands groupes. Il leur était plus facile de chasser en équipes, et un seul feu pouvait réchauffer et protéger bien des gens. C'est en se regroupant qu'ils ont poussé leurs cerveaux à développer le langage, de nouveaux outils et de nouvelles façons d'agir. Ils ont ainsi équilibré la danse de l'évolution des cerveaux et du comportement.

Les défis d'un corps vulnérable et de la survie dans des environnements diversifiés ont poussé les cerveaux à grossir et ont amélioré la capacité d'apprentissage. Les plus grands cerveaux ont, à leur tour, pu trouver de nouvelles solutions à des problèmes. Nous ne savons pas encore combien d'espèces différentes d'êtres humains ont évolué, nous n'en connaissons que quelques-unes, bien qu'une seule ait survécu.

L'histoire des êtres humains est une histoire de compétition et de coopération. Tout comme dans la nature, apprendre à coopérer a constitué la part la plus importante de leurs vies dès leur plus jeune âge. Les familles et les regroupements familiaux partageaient des grottes et leurs modes de vie, se déplaçaient ensemble lorsque la nourriture se raréfiait. Nous pouvons imaginer leurs danses de joie lorsqu'il y avait abondance de vivres, leur peur et leur angoisse lorsque de plus gros animaux rôdaient ou bien lorsque les éclairs déclenchaient des feux près de leurs habitats. Partager les joies et les dangers a rapproché les gens.

Les premiers hommes qui ont transporté des flambeaux dans leurs grottes ont appris à nourrir les flammes avec du bois, sans laisser le feu se répandre, et à recouvrir le charbon de cendres pour que le feu puisse être réanimé le lendemain. Ils étaient probablement fiers et heureux de partager leur découverte avec d'autres.

Ils partageaient bien des choses, dont les sons qu'ils produisaient et le sens qu'ils leur donnaient, alors qu'ils développaient le langage parlé. Nous ne saurons jamais combien de temps les gens ont appris les uns des autres par simple imitation ou en communiquant par la pensée avant qu'ils n'inventent le langage parlé. Mais il est certain que la transmission et l'apprentissage ont changé lorsqu'ils ont été en mesure de parler.

Les anciennes bactéries s'étaient regroupées pour diverses tâches au sein des mêmes parois cellulaires, et les cellules avaient appris à diviser les tâches au sein de la colonie, ce qui les avait transformées en créatures multicellulaires. De même, les gens ont appris à s'organiser en communautés, là ou des individus différents assumaient des tâches différentes. Certains chassaient tandis que d'autres grattaient les peaux pour en faire des vêtements. D'autres, encore, apprirent à fabriquer des pots à partir de l'argile et à les cuire pour les durcir. Certains avaient du talent pour créer des danses et conter des histoires, d'autres s'occupaient des enfants ou menaient les cérémonies de remerciement à la Terre pour ses dons. Plus les gens apprenaient, plus il y avait à faire, et certains devinrent chefs afin de gérer le travail et de prendre les décisions lorsqu'il y avait désaccord sur la manière de faire les choses et sur les rôles de chacun.

Les gens en vinrent donc à vivre en sociétés organisées, bien qu'ils n'aient pas été les premières créatures à le faire. Les insectes tels que les abeilles, les fourmis et les termites vivent en communautés organisées et s'affairent à différentes tâches. Les insectes ont évolué dans leur manière de bâtir les villes, construisant des fermes pour la culture de végétaux ou pour y élever d'autres insectes en guise de nourriture, se disant quoi faire respectivement, se faisant même la guerre et capturant des esclaves. Ils ont des reines, des soldats et des travailleurs, chacun faisant son propre travail. Tout comme les gens, ils ont besoin les uns des autres et ne peuvent vivre seuls. Une abeille ou une fourmi seule perd l'appétit, tombe malade et meurt. On ne peut pas garder une fourmi seule comme un animal domestique.

Certains insectes sociaux accomplissent ces choses complexes depuis des millions d'années, mais ils le font selon des schémas comportementaux innés. Ils ne peuvent le faire autrement. Une fourmi travailleuse ne peut changer d'avis et devenir soldat ; une reine ne peut changer d'avis et diriger les choses différemment.

Il est parfois très difficile de dire ce que nous accomplissons encore de manière innée et ce que nous faisons par choix.

Les programmes innés paraissent encore nous faire fuir le danger et ressentir de l'amour pour nos bébés lorsque nous les voyons pour la première fois, ou encore, chercher de la nourriture et un lieu de repos lorsque nous avons faim et que nous sommes fatigués. Nous n'avons pas besoin de beaucoup y penser. Mais aucun comportement inné ne nous envoie à l'école ou ne nous dit de travailler ou d'écrire une chanson. Ou n'importe laquelle des milliers d'autres choses que nous faisons par apprentissage et par choix. Nous sommes les créatures les plus libres qui soient sur Terre.

Parfois, toute cette liberté nous complique la vie. Les schémas comportementaux innés ne nous arrêtent pas, nous, les humains, lorsque nous avons suffisamment de territoire et de nourriture, et alors, nous en voulons bien souvent plus et plus encore que ce dont nous avons besoin. Nous n'avons aucun des rituels innés que les autres animaux détiennent pour cesser de tuer notre propre espèce ou de détruire nos écosystèmes.

Quand vous observez les chiots ou les chatons se battre, vous pouvez voir que le perdant signale « j'abandonne » en se jetant sur le dos et en exposant sa gorge. L'attaquant ne mord pas alors sa gorge, il s'éloigne. C'est la limite innée de la bataille que les humains n'ont pas, mais que détiennent les autres espèces. Cette absence de limites innées a fait de nous une espèce plus dangereuse encore pour les autres espèces, pour nous-mêmes et pour Gaïa.

Cela rend l'expérience des grands cerveaux très risquée, peut-être aussi dangereuse que celle des bactéries bleu-vert qui ont engendré la crise de l'oxygène il y a des milliards d'années. Nous sommes destructeurs, tout comme l'était l'oxygène. Mais nous apportons toutefois à Gaïa de fantastiques nouvelles réalités et possibilités. Nous sommes la première espèce qui peut se reconnaître, se nommer, la connaître, penser à elle et réellement montrer son amour envers les autres, la première espèce qui peut comprendre sa part dans la danse, apprendre de ses erreurs et échafauder des plans pour un avenir meilleur. Nous pourrions même être en mesure de répandre sa danse sur d'autres planètes. Les expériences de vie de Gaïa ne survivent pas toujours. Il y a eu cette espèce de grande créature qui semblait avoir encore plus de succès que toutes celles qui lui avaient précédé, les dinosaures. Ils se sont répandus partout sur Terre et ont en fait performé très longtemps, si l'on compare au temps depuis lequel nous sommes ici. Quand on y pense, ils nous effraient avec leur pouvoir reptilien non pensant, mais ils nous fascinent pourtant et nous sommes même parfois jaloux. Nous inventons des histoires de gens qui retournent à l'ère des dinosaures et qui les tuent pour leur montrer que nous sommes une espèce encore plus puissante qu'ils ne l'étaient.

Les grands dinosaures sont maintenant éteints. Que s'est-il passé ? Leur taille exceptionnelle et leur pouvoir se sont avérés leur faiblesse. Peut-être devrions-nous apprendre d'eux, alors que nous développons notre propre pouvoir d'autodestruction et de celui de notre planète.

En se fiant à leur pouvoir, ils ont manqué de flexibilité d'adaptation lorsque la crise climatique majeure est survenue.

Nos cerveaux et nos corps ont commencé à devenir humains il y a environ trois millions d'années. Si cela paraît long, considérez que les dinosaures ont peuplé la Terre pendant environ deux cents millions d'années et qu'ils étaient partis depuis soixante millions d'années lorsque les hommes sont arrivés sur scène. Cela veut dire que les dinosaures ont été sur Terre quarante fois plus longtemps que nous, les humains. Nous devrions aussi nous souvenir que la crise à laquelle les dinosaures ont fait face, et qui les a détruits, ne provenait pas d'eux. Elle avait pour cause l'extérieur de Terre, alors que nous avons créé la nôtre. Il nous faut voir si nous pouvons changer suffisamment rapidement pour l'arrêter avant qu'elle ne nous détruise. Nous en reparlerons plus tard. Avec nos cerveaux et notre liberté de choix, nous pouvons être conscients du fait que nous sommes porteurs de l'histoire de l'évolution et que nous sommes au cœur de cette évolution, jouant notre rôle dans la grande danse de la vie. Nous pouvons en parler et trouver des façons de jouer notre rôle dans cette danse, de manière plus équilibrée, plus créative, plus durable et plus harmonieuse.

Nous devons montrer à Gaïa que le risque qu'elle a pris en laissant évoluer nos grands cerveaux et notre liberté en valait la peine !

14
Les hommes dans la danse

Pensez aux près des quatre milliards d'années dont la Terre et ses créatures ont eu besoin pour progresser. Puis, imaginez ce long étirement du temps ramassé en une seule journée de 24 heures. Vous verriez alors que les hommes y sont présents depuis seulement la dernière minute de la dernière heure du jour. Et c'est seulement à la dernière seconde de cette minute qu'ils ont formé des sociétés sédentaires. Il est donc clair que notre présence est nouvelle dans cette danse de Gaïa.

Vu sous l'angle de notre monde contemporain, il est difficile de penser à nous comme à des animaux. Mais du point de vue de Gaïa, c'est ce que nous sommes, et tous nouvellement arrivés. La vie humaine sur Terre n'a pas réellement différé de celle des autres mammifères. Nous nous cherchions des abris nous aussi, et nous prenions soin de nos petits, nous cueillions des fruits et des noix, chassions en groupe pour nous nourrir, protégions nos habitats et nous reposions en jouant ensemble avant de nous endormir et de rêver.

Au cours de l'évolution humaine, Gaïa a vu sa température chuter une douzaine de fois, et de grandes étendues de glace se sont répandues depuis les pôles jusque sur des terres habituellement plus tempérées. Nous nommons ces époques les *grands âges glaciaires*. Chaque fois que la neige fondait, de nouvelles forêts et prairies naissaient. Les scientifiques savent maintenant que les âges glaciaires et les périodes de réchauffement qui ont suivi constituaient des cycles normaux, ou du moins qu'ils ont existé depuis les quelques derniers millions d'années. Ces âges glaciaires se produisent environ tous les cent mille ans, et le prochain ne saurait tarder.

La Terre a également connu des périodes de réchauffement, mais elles ne se sont produites qu'à quelques reprises, et jamais depuis l'évolution humaine – jusqu'à maintenant, j'entends ! Il semble que nous soyons soudain à la veille d'expérimenter une ère de réchauffement plutôt que l'ère glaciaire attendue ! Les scientifiques ont commencé à nous prévenir de cette possibilité au cours des années 70, mais très peu de gens y ont prêté l'oreille. La plupart n'avaient même jamais entendu parler de réchauffement.

Lors des périodes de glaciation, les océans sont beaucoup plus bas, puisque la glace est produite à partir de leur eau. Les terres qui sont habituellement sous l'eau, le long des côtes tropicales, s'assèchent, car la mer se retire, ce qui permet de créer un équilibre avec les terres qui sont recouvertes de glace près des pôles. Le climat des tropiques devient très confortable pour les humains en période de glaciation ; de nouvelles forêts voient le jour sur les terres fertiles qui se trouvaient jusqu'ici sous les mers. Ces terres sont riches en minéraux laissés par les roches lors de l'avancée des glaciers. Lorsque la glace se retire, la terre est exposée, là où les glaciers l'avaient recouverte.

Les âges glaciaires ne sont que de quelques degrés de température de moins que les périodes qui les séparent. Lorsque survient une ère de réchauffement, la température s'élève seulement de quelques degrés, et tout se fait dans l'autre sens. La glace polaire fond, elle laisse des terres fertiles là où elle se retire, et les mers montent du fait de l'évaporation et de la fonte des glaciers. Ainsi, les rythmes naturels de Gaïa assurent constamment le renouvellement de la fertilité de ses terres partout sur son corps. Aujourd'hui, le problème est que nous, les humains, sommes en voie de créer la première ère de réchauffement qui se soit produite depuis notre évolution. Nous en reparlerons plus tard.

Au cours de la dernière ère glaciaire, les gens vivaient aux tropiques et s'aventuraient de plus en plus loin pour trouver de nouveaux lieux de vie. Certains vivaient même dans des grottes situées dans des forêts froides et neigeuses dans des lieux tels que le sud de l'Europe, là où ils nous laissèrent de magnifiques peintures rupestres, nous montrant qu'ils vivaient parmi les mammouths, les gigantesques ours des cavernes, les chevaux, les rhinocéros, les loups, les grands chevreuils et d'autres grands mammifères.

À la fin de la dernière période de glaciation, les hommes s'aventurèrent encore plus loin dans les lieux fertiles exposés au jour lors du retrait de la glace. Au bout d'une douzaine de périodes de glaciation, les hommes s'étaient répandus presque partout sur Terre.

Là où le climat était clément et la nourriture abondante, ils établirent des villes et des villages. Ils apprirent à travailler les métaux à partir des minéraux trouvés dans le sol, et à en faire des objets décoratifs, des ustensiles, et des outils et des armes plus solides encore. Ils apprirent à semer, à produire leur nourriture et à garder des troupeaux d'animaux pour le lait, la viande et la laine. Ils apprirent à filer et à tisser la laine. Ils construisirent des maisons en bois, en pierre et en briques de terre, et des meubles en bois. Ils dansèrent, chantèrent et inventèrent des instruments de musique pour fêter leur bonne fortune. Peu à peu, ils se mirent à parler, à se raconter et à conter la nature. Certains de ces contes étaient véridiques, d'autres servaient à se vanter, ou encore à expliquer des choses difficiles à comprendre.

La nature était clémente, mais elle avait aussi le pouvoir de les détruire et de prendre des vies, alors ils l'aimaient et ils la respectaient. Tout comme les hommes, Gaïa semblait avoir ses états d'âme, heureux ou malheureux, et ses cycles de vie et de mort. Il ne leur venait pas à l'esprit que la nature n'était pas vivante.

La plupart des premières sociétés humaines ont vu la nature comme une grande Mère, et plusieurs lui ont donné des noms différents. Une fois que le langage a été écrit, nous avons découvert qu'ils l'avaient nommée : Inanna, Ishtar, Astarté, Isis, Matrone, Coatlique, et de bien d'autres noms. Dans la Grèce ancienne, on l'appelait Gaïa, mais aussi Eurynome et Pandore, ce qui signifie « le donneur de tous les dons ». Les gens remerciaient la grande déesse mère et la priaient pour obtenir ses faveurs. En observant et en ressentant sa danse créative de tant de façons, ils donnèrent aussi des noms de dieux et de déesses mineurs aux vents et aux mers, au soleil et à la lune, et aux animaux qui leur importaient le plus.

Ils devaient se sentir heureux de comprendre les choses, s'entraidant et enseignant à leurs enfants à mieux vivre, et ce, au cours de multiples générations. Mais il arrivait qu'ils se sentent mal. Ils éprouvaient aussi de la tristesse, de la peur, ils étaient malades ou irritables, ce qui leur était en quelque sorte bénéfique, puisque cela les poussait à développer leur caractère inventif. Ils bâtirent des maisons plus solides, fabriquèrent toutes sortes d'outils, de vêtements, de poterie, ils créèrent peintures et sculptures, enterrèrent leurs morts avec des dons pour l'après-vie. Ils fabriquèrent des médicaments à partir de plantes et apprirent à cultiver en plus grande quantité. Ils apprirent à construire des canaux pour amener l'eau des rivières jusqu'aux champs et à construire des bateaux pour transporter les biens le long des rivières ou des côtes afin de commercer avec les autres humains.

Les premières sociétés sédentaires que nous connaissons jusqu'à ce jour, qu'elles se soient trouvées au Moyen-Orient, dans le nord de l'Europe ou en Amazonie, semblent avoir été pacifiques. Elles ne font état ni de murailles ni d'armes. Toutefois, tôt ou tard, ces sociétés pacifiques, du moins en Eurasie, furent envahies par des tribus nomades plus agressives, venues de climats plus froids et à la recherche de lieux plus cléments pour y vivre. Ces tribus étaient souvent accompagnées de troupeaux animaux à la recherche de nouvelles terres à brouter. Elles vénéraient des dieux paternels, car elles craignaient le pouvoir des orages et percevaient de puissants dieux célestes dans le tonnerre sonore et les éclairs.

Lorsque ces puissantes tribus envahissaient les sociétés sédentaires et s'y établissaient pour les diriger, elles prenaient parfois la déesse mère de cette société en tant qu'épouse ou fille de leur dieu qu'elles voyaient plus puissant. Certains en firent des histoires dans lesquelles le dieu était magnifique alors que la déesse n'était qu'une méchante femme semant le trouble. C'est ce qui se produisit avec Pandore. Son nom signifie encore « donneuse de tous les dons », mais dans l'histoire nous entendons habituellement dire qu'elle ne semait que le trouble dans le monde, en désobéissant à son dieu. Certains disent que l'histoire d'Ève, du serpent et de la pomme est une autre version de cette même histoire.

Nous avons vu précédemment que l'évolution se produisait selon un schéma de maturation. Lorsque les espèces compétitives – qu'il s'agisse des bactéries anciennes, des protistes ou des créatures multicellulaires – ont découvert l'avantage de la coopération, elles ont su évoluer en développant de plus grandes entités sociales ou coopératives qui sont devenues elles-mêmes de nouvelles créatures et des écosystèmes. Les premiers humains ont agi de même, en formant des tribus coopératives, et plus tard, en développant des alliances intertribales. Ils ont alors construit les premiers centres urbains pour développer les échanges commerciaux ou pour vénérer ensemble les mêmes dieux, ou les deux.

Dans ces sociétés coopératives, la division du travail s'est mise en place comme chez les cellules nucléées. Nous les découvrons seulement maintenant, par exemple en Amazonie, dans les îles Orkney du nord de l'Écosse, et au Moyen-Orient. Il est probable que certaines d'entre elles soient nées lorsque des relations de coopération se sont développées entre un dieu et une déesse.

Voilà qu'ici le parallèle avec l'évolution biologique devient réellement fascinant ! Les nouveaux centres urbains coopératifs, tout comme les cellules protistes nucléées, et plus tard les premières créatures multicellulaires, furent les nouvelles entités vivantes sur Terre, et elles durent, elles aussi, traverser leur propre phase juvénile de créativité et de compétition expansive ! Bref, les humains sont entrés dans l'âge des empires. Certaines de ces nouvelles sociétés urbaines, là où s'étaient établis les adorateurs d'une déesse mère, et ceux, plus guerriers, d'un dieu paternel, apprirent à coopérer et formèrent des armées. Ils accrurent ainsi leur force et s'attaquèrent à d'autres centres urbains, ou à des « cités-états ». Puis, les perdants se joignirent aux empires des gagnants et durent obéir à leurs empereurs. C'est ainsi que d'immenses empires se formèrent en Chine, en Perse, en Égypte, en Grèce, en Afrique, au Mexique et en Amérique du Sud.

Il était difficile de faire en sorte que les gens continuent à coopérer et à se structurer au sein de ces grands empires. Les empereurs ou les rois et les reines élaborèrent des lois strictes pour que les gens leur obéissent, et firent l'usage de leurs armées pour que l'ordre règne. Ils clamèrent souvent qu'ils étaient choisis des dieux, ou encore qu'eux-mêmes étaient des dieux, afin que les gens croient en leur pouvoir et leur obéissent. Certains d'entre eux, vivant dans ces sociétés plus complexes, étaient formés pour la prêtrise de ces nouvelles religions, d'autres devinrent des travailleurs ou des esclaves des mines d'or et d'argent et de pierres précieuses, ou encore bâtirent de grands temples et palais pour leurs dirigeants et leurs dieux. D'autres devinrent des forgerons, des potiers ou des paysans qui cultivaient les grandes terres ceinturant les villes.

On soutira plus de richesses encore des peuples conquis. Alors que les empires prenaient de l'expansion et enrichissaient un mode de vie basé sur la compétition et l'expansion, les hommes oublièrent peu à peu de vénérer la nature. Ils ne se percevaient plus comme des êtres naturels ; on leur dit qu'ils avaient été créés par leur Dieu, et que ce dernier avait choisi les dirigeants humains pour régner partout sur Terre. Après tout, ils pouvaient domestiquer ses animaux, extraire ses métaux, cultiver leur nourriture sur son sol, naviguer sur ses océans et acquérir encore plus de puissance en utilisant la nature à leurs fins. Ils voulurent conquérir la nature ; ils oublièrent qu'ils en faisaient partie, et qu'ils n'en étaient qu'une toute petite part.

Puis les empires devinrent des nations, cet âge perdura, et on connut alors les empires hollandais, britanniques, français, et d'autres nations européennes qui colonisèrent bien au-delà des mers, sur des continents aussi éloignés que l'Afrique et l'Amérique. Les sociétés humaines étaient (et sont) toujours en phase d'expansion compétitive. Nous en sommes aujourd'hui à la troisième phase de la construction impériale, par le biais des empires financiers plus grands que la plupart des nations ! Mais n'anticipons pas sur notre histoire...

Les seuls peuples qui préservèrent leurs croyances selon lesquelles la nature était vivante et sacrée, que les plantes et les animaux étaient leurs frères et que la grande Terre-Mère devait être respectée, étaient les peuples indigènes, qui continuèrent à vivre en petites sociétés, en dépendance avec leur environnement naturel et en agissant peu sur lui pour le changer. Très peu d'entre eux survécurent à l'âge des empires.

L'un de ceux qui survécurent à l'empire colonial était la ligue des Nations iroquoises[1] de l'Amérique du Nord. Les colons européens trouvèrent cette société coopérative composée de six, puis de sept nations indigènes, vivant sur des terres qu'ils proclamèrent avoir découvertes. Ils appelèrent ces peuples les *Iroquois*. Benjamin Franklin, l'un des pères fondateurs des États-Unis d'Amérique, avait le plus grand respect envers leur organisation politique complexe, mais pacifique. Il réussit à

1. NdlT : *Haudenosaunee*.

convaincre ses confrères de modeler la constitution américaine sur la base de la Constitution (grande loi de paix) de la Nation iroquoise[1].

Le seul problème est que les colons laissèrent de côté quelques-uns des éléments les plus importants de la constitution de cette société coopérative : le rôle égalitaire des femmes, le souci envers les futures générations et la nécessité de rendre à la nature tout ce qui lui était enlevé. Ils décidèrent également qu'il valait mieux voter plutôt que de prendre des décisions par la voie de longs dialogues, dans un esprit de coopération pacifique, comme le faisaient les Amérindiens.

En Europe, certains des premiers philosophes avaient consacré bien du temps à réfléchir à l'harmonie de la matière et à la manière dont les gens pouvaient la connaître, comme le faisaient les peuples indigènes partout ailleurs dans le monde. Le mot « philosophe » signifie « amoureux de la sagesse », du grec *philos*, « ami » ou « amoureux », et *sophia*, « sagesse ». Bien des philosophes de jadis croyaient que les hommes gagnent en sagesse seulement lorsqu'ils comprennent la danse équilibrée de la nature et qu'ils ajustent leur propre vie en harmonie avec cet équilibre.

Ces philosophes, qui observaient la nature de près pour voir comment elle fonctionnait, étaient les premiers scientifiques. En étudiant les voies de la nature, leur intention, grâce à la science, était de mieux pouvoir guider les affaires humaines. Malheureusement, cette intention, à la fois noble et pratique, se perdit à la fois dans le temps et lors de la construction des empires.

La cité d'Athènes en Grèce était l'un des lieux où ces philosophes anciens se rassemblaient pour discuter. Athènes était une ville portuaire, dédiée à l'échange de biens avec d'autres pays. Les navires rapportaient non seulement des biens, mais

1. NdlT : *Gayanashagowa*.

également des informations quant aux modes de vie des gens d'ailleurs. Les philosophes entendaient parler des grands empires tels que l'Égypte et la Perse, là où les rois et les reines créaient des lois pour faire régner l'ordre parmi leurs peuples. Cela leur paraissait pire de vivre ainsi qu'à Athènes, où les rois n'avaient régné que sur de petits royaumes séparés par des montagnes et des océans, et pour la plupart d'entre eux, avaient été détrônés.

Les philosophes voulaient que l'ordre et l'harmonie règnent parmi les peuples, mais les hommes qui furent choisis pour diriger à la place des rois ne purent pas non plus préserver cet ordre très longtemps. Les uns après les autres, ils furent détrônés par d'autres qui pensaient pouvoir mieux faire et arrivaient à convaincre les gens de les soutenir, du moins pour un certain temps. Mais on trouvait toujours de nouveaux arguments pour justifier celui qui devrait diriger.

Les philosophes se demandaient : « Comment faire régner l'ordre et l'harmonie dans la vie humaine ? » En observant la nature, ils voyaient cet ordre et cette harmonie, ces magnifiques ordonnancements des motifs stellaires et planétaires, les cycles saisonniers, le design végétal et animal. Tout dans la nature semblait jouer son rôle sans que personne n'ait rien à dire, comme si tout obéissait volontairement à des lois invisibles.

Partout où il y avait du désordre dans la nature, l'ordre revenait rapidement. Les oiseaux et les vers mangeaient les animaux morts, les feuilles mortes se transformaient en humus, la pluie faisait croître et fleurir les plantes, de nouvelles forêts naissaient à partir des forêts brûlées. La nature faisait toujours de l'ordre à partir du chaos. Le mot grec *chaos* avait déjà signifié le Grand rien à partir duquel l'Univers, qu'ils avaient nommé *cosmos*, avait apparemment été créé. Il prit plus tard la signification de désordre, à partir duquel la nature fabrique l'ordre.

Les sociétés humaines ne semblaient pas fonctionner comme le reste de la nature. Les hommes se disputaient constamment et créaient des dégâts qu'ils ne pouvaient régler sans se battre. Mais de plus en plus, les philosophes et les politiciens de la Grèce ancienne s'accordaient à dire que les rois puissants et les dictateurs n'étaient pas une solution pour établir la liberté ordonnée que les gens se languissaient d'avoir.

Il était clair que l'esprit humain pouvait penser, choisir et prendre des décisions. C'était une liberté magnifique que les animaux n'avaient pas. Les philosophes voyaient pourtant que la liberté créait des ennuis aux hommes s'ils ne l'utilisaient pas avec sagesse. Dans le cas inverse, ils devraient alors prendre la responsabilité d'ajuster leurs propres choix à l'harmonie et à l'équilibre de la société tout entière.

Nous avons déjà vu que ces idées s'apparentaient beaucoup à ce que les Nations iroquoises avaient élaboré avec leur grande loi de paix. Cela devint, en Grèce ancienne, le concept d'une démocratie coopérative, dans laquelle les gens faisaient leur propre loi en agissant en accord les uns avec les autres. Comme nous venons de le voir, ils avaient eux aussi compris que la nature semblait suivre des règles d'équilibre et d'harmonie pour que les changements puissent se produire sans que tout tombe en morceaux. « Les hommes seraient-ils en mesure de s'accorder sur des règles d'équilibre et d'harmonie envers eux-mêmes ? » se demandaient les philosophes grecs.

Dans la société, l'équilibre signifiait que chaque citoyen prend part et responsabilités égales sur la manière de diriger les choses. L'harmonie se traduirait alors par l'amour d'une belle vie, non seulement pour soi, mais également pour tous. Ce type d'harmonie, sentaient-ils, dépend de l'éthique, puisqu'elle renvoie à la manière dont les gens décident de ce qui est bien ou mal pour chacun.

Les philosophes grecs, les politiciens, les poètes, les artistes, les musiciens, et même les athlètes se mirent à travailler ensemble et à enseigner aux gens ce qu'étaient l'équilibre, l'harmonie, l'éthique. Les Grecs adoraient danser et voir des pièces dans de vastes théâtres extérieurs. Ces pièces étaient des histoires, à la fois drôles et tragiques, qui enseignaient ces idées de l'ordre qui survient du chaos dans la vie humaine, et ce, par libre choix.

On bâtissait de manière harmonieuse et on décorait avec des colonnes et des statues. Les gens embellissaient et équilibraient leurs corps par la pratique des sports, et des concours d'habiletés : les Jeux olympiques. Ils organisèrent un gouvernement démocratique fait de citoyens mâles libres, bien que les esclaves et les femmes en soient exclus.

De nos jours encore, le monde appelle cette époque l'âge d'or de la Grèce, et bon nombre de nos idées contemporaines en proviennent. Cet âge d'or a malheureusement été entaché par l'esclavage et par l'inégalité hommes/femmes, ce qui fait qu'en ce sens, les Nations iroquoises sont plus avancées. Les Grecs ont néanmoins tenté de devenir meilleurs, plus pacifiques et plus aimants, et ce, de leur propre chef, chose qui s'est avérée très difficile à réaliser au cours de l'âge des empires qui, comme nous le verrons plus tard, se termine aujourd'hui.

Les choses ont certainement beaucoup changé depuis l'époque où la grande déesse nourricière était vénérée par des sociétés rurales dirigées pacifiquement par des femmes partenaires des hommes. Il semble que la dernière société de *ce* type ait été la culture minoenne de la Crête. Elle nous a laissé des ruines de villages et de grands palais, de superbes fresques de fleurs et d'oiseaux, des danseurs taureaux et des déesses serpent, avant d'être détruite par une énorme éruption volcanique.

Et puis les Grecs ont été conquis par l'Empire romain, et ensuite par l'Empire turc ottoman. Pourtant, les meilleures idées de la démocratie athénienne ont perduré dans le temps, et ce, malgré les guerres. Nous essayons encore d'amener les hommes à coopérer plutôt qu'à se faire concurrence. La plupart des gens de par le monde s'accordent aujourd'hui avec les Grecs anciens pour dire qu'ils ont besoin de gouvernements citoyens, basés sur la coopération, bien qu'ils réalisent qu'il n'est pas facile de mettre sur pied et de maintenir de tels gouvernements.

L'idée de la perfection est une idée humaine, probablement née dans la Grèce ancienne, grâce aux philosophes qui vinrent plus tard et qui étaient aussi mathématiciens. Platon, célèbre élève philosophe de Socrate, en vint à croire en un seul Dieu qui faisait constamment de la géométrie. Platon croyait que la nature était parfaitement géométrique, au-delà de l'« illusion » de désordre que nos yeux et nos oreilles nous montrent.

Mais ces philosophes se méprenaient lorsqu'ils pensaient que la nature était parfaite. Ils ne pouvaient pas voir que les étoiles et les planètes ne se déplacent pas en cercles parfaits, et ils avaient oublié que certains philosophes qui les avaient précédés savaient que la nature est en constante transformation grâce à l'évolution qui travaille sans répit pour créer l'ordre dans la danse, et ce, à partir du chaos. C'est une véritable danse sans fin, et ni la nature ni les hommes n'atteindront jamais un ordre parfait. Et cela ne nous plairait pas, car il n'y a plus de changement s'il y a un ordre parfait. La vie est un acte constant d'équilibre, une danse entre le chaos et le cosmos, le désordre et la perfection, c'est ce qui la rend créative, vivante, évolutionnaire !

Les scientifiques contemporains ont appris que la nature doit sans cesse se réorganiser et se rééquilibrer, alors que la complexité s'accroît et que les choses sont en constant déséquilibre, d'une manière ou d'une autre. Gaïa est un être vivant qui réorganise son équilibre sans répit ; les gaz de l'atmosphère, les minéraux des océans et des sols, les espèces qui peuplent les environnements. Son objectif n'est pas celui d'atteindre la perfection, mais de continuer à créer une vie nouvelle et une nouvelle organisation de la vie si cela lui est nécessaire. Nous observons pourtant des schémas répétitifs tels que les grands cycles de maturation dans lesquels les êtres vivants, les individus, les espèces, les écosystèmes et les sociétés humaines doivent vivre une phase de jeunesse expansive avant de mûrir et d'atteindre un mode coopératif plus stable.

Lorsqu'en Europe, on remonte à l'âge des machines, ce que nous avons évoqué au début de ce livre, on voit que les gens croyaient encore, les Grecs puis les chrétiens, que les êtres humains devaient atteindre la perfection. Même si la nature ne pouvait être parfaite, ils croyaient qu'ils pouvaient inventer cette perfection pour eux-mêmes. Une société parfaite, un gouvernement parfait, devraient fonctionner comme une machine bien huilée, raisonnaient-ils. Ils avaient oublié qu'ils étaient partie prenante de la nature. Ils en étaient plutôt venus à croire qu'ils étaient des êtres spéciaux et que Dieu les avait mis là pour prendre soin d'elle, en tant que Grand Ingénieur de la nature tout entière. Ils ne semblaient pas remarquer non plus que leurs machines les plus parfaites avaient des problèmes et se brisaient.

La perfection est une idée tellement antinaturelle que, même en essayant d'y penser, on a du mal à imaginer ce que cela pourrait être. Lorsqu'ils le font, les hommes nomment cela le *ciel*, tous ceux qui y sont, des anges parfaits, assis sur des nuages, qui sourient, chantent et jouent de la harpe à tout jamais. Mais là où on ne rencontre absolument aucun problème, cela finit par être assez ennuyant.

Qu'aurait fait Gaïa sans problèmes ? Si la première vie bactérienne avait été parfaite, aucune autre vie ne se serait développée. Si les dinosaures avaient été parfaits, les gens n'auraient jamais évolué. L'histoire entière de la danse de Gaïa nous montre que les problèmes ne sont pas simplement des obstacles, mais également des opportunités !

Gaïa apprend de ses erreurs : elle apprend à modifier ses schémas, à les rendre encore plus créatifs et à progresser. Ainsi font les hommes. Les êtres humains que nous sommes aujourd'hui ont évolué en tant que solutions à des problèmes que nos ancêtres éprouvaient en s'ajustant à leurs écosystèmes. Ce faisant, ils les transformaient progressivement. Nous croyons parfois que nous les transformons pour le mieux, puis nous réalisons que nous avons créé de nouveaux problèmes.

Nous nous sommes aussi beaucoup transformés mutuellement, parfois pour le mieux, parfois pour le pire.

Bref, nous sommes nous-mêmes la solution à de vieux problèmes, et tout à la fois, nous créons et résolvons de nouveaux problèmes. Il en sera probablement toujours ainsi, et ce, que nous évoluions en une nouvelle espèce ou que nous demeurions humains.

Il serait sage de nous souvenir que la danse de Gaïa perdurera avec ou sans nous, et que les espèces qui survivent sont celles qui résolvent plus de problèmes qu'elles n'en créent.

Voyons maintenant de plus près quelques-uns des grands problèmes que nous avons créés.

15
La danse des empires

On dirait que les hommes dotés de grands cerveaux ont été les premières créatures sur Terre, qui puissent comprendre leur rôle dans la danse globale de la vie. Les baleines et les dauphins, les gorilles et les chimpanzés sont eux-mêmes dotés d'assez grands cerveaux, mais nous pouvons difficilement les imaginer comprendre ce dont parle ce livre. Les baleines peuvent communiquer sur des milliers de kilomètres océaniques, et les chimpanzés sont de bons élèves, mais il paraît peu probable qu'aucun d'entre eux puisse réellement comprendre ce qui se passe dans notre monde humain ni même où il se dirige.

La pensée humaine a évolué en même temps que les actions humaines. Plus nous en avons fait, plus nous avons eu à réfléchir. Aucune autre espèce n'a transformé à tel point et si rapidement son environnement. Et aucune ne s'est autant transformée en changeant son propre monde.

Le problème est que, lorsque nous sommes en mesure de changer notre monde et nous-mêmes plus que les autres créatures ne le peuvent, cela nous invite à penser que nous sommes spéciaux et valons mieux que les autres. Nous pensons être en charge d'elles et nous oublions à quel point nous dépendons d'elles. En ce sens, les humains d'autrefois étaient plus sages que les humains modernes, et ce, même s'ils accomplissaient moins, ce qui peut être encore le cas avec les indigènes qui survivent de nos jours.

Au cours des quelque dernières centaines d'années, il se peut que nous ayons fait plus pour transformer nous et notre monde, qu'au cours des deux ou trois millions d'années que nous avons prises pour découvrir que nous étions humains. Nous nommons cette récente époque l'*âge du progrès, de la science et de la technologie de l'information*. Bien entendu, la technologie renvoie à la construction de machines et de systèmes de machines, comme les réseaux de téléphones ou la télévision, Internet, les systèmes de transports aériens, terrestres et même spatiaux, et ainsi de suite.

La vie humaine n'avait pas beaucoup changé depuis l'époque ou les grands empires avaient débuté. De plus petites sociétés tribales subsistaient en leur sein, et ailleurs, partout sur Terre. La plupart des changements survenus relevaient des changements de règne et des terres qui formaient les empires.

Lorsque débuta l'ère de la science moderne et des machines, les grands empires étaient ceux des rois et des reines d'Europe, tels que l'Angleterre et l'Espagne. Ils avaient conquis les peuples de terres lointaines avec leurs navires et leurs armes et les avaient colonisés. Puis les empires s'effondrèrent lorsque les colonies se battirent pour gagner leur indépendance. Les populations de l'époque étaient issues de croisements entre autochtones, colons et autres étrangers.

L'Europe s'était jusque-là beaucoup appuyée sur la richesse de ses terres coloniales et sur les gens qui produisaient des céréales, du caoutchouc, des métaux provenant des mines, des fibres textiles telles que le coton, la soie et la laine. On expédiait ces produits vers l'Europe et on inventait constamment de nouvelles machines qui puissent les transformer en objets utiles. Lorsque les colons américains gagnèrent leur indépendance, ils développèrent leur propre technologie industrielle. Il y eut bientôt un si grand nombre de machines en Europe et en Amérique, que les carburants tels que le charbon et le pétrole vinrent s'ajouter à une liste de matières premières importantes prélevées de la terre.

Au moment où les autres colonies gagnèrent leur autonomie, elles dépendaient encore beaucoup de la vente de matières premières et de produits céréaliers. La plupart des terres appartenaient aux personnes qui s'étaient enrichies en expédiant ces produits en Europe et en Amérique, et qui ne voulaient pas laisser tomber leur mode de vie. Ils exportaient nourriture et matières premières et importaient des produits finis.

Bien des indigènes qui avaient jadis cultivé et chassé pour leur propre usage durent alors pratiquer un seul type de culture céréalière, ou encore extraire un seul type de minerai ou de combustible à des fins d'exploitation. Avec le peu qu'ils gagnaient, ils devaient acheter de quoi se nourrir. Ils s'appauvrirent sur bien des plans, plus qu'avant que les Européens ne viennent sur leurs terres. Ils perdirent leurs ressources alimentaires naturelles, et peu à peu, ils perdirent également leur mode de vie, leur organisation tribale, leurs religions naturelles, leurs arts, et parfois même, leur langue et leur savoir, leur manière de se nourrir et d'être autosuffisants.

Le progrès, leur disait-on, consistait à apprendre les nouvelles façons de faire des Européens et des Américains. Dans les faits, leur qualité de vie diminua le plus souvent, alors que les Européens, les Américains, et leur propre classe supérieure, payée par ces derniers, s'enrichissaient. Un grand nombre de natifs africains avaient été emmenés de force à des fins d'esclavage en Amérique, là où les peuples amérindiens préféraient la mort à celui-ci. On estime à quatre vingt millions, le nombre d'Amérindiens tués ou morts de maladies apportées par les conquérants européens au temps de l'arrivée de Colomb. Il était commun que les enfants amérindiens soient enlevés de chez eux et placés dans des écoles de mission, là où ils étaient punis lorsqu'ils parlaient leur langue. Des centaines de langues furent ainsi perdues à tout jamais.

Si nous avions pu observer en accéléré cette évolution des sociétés humaines de notre planète, tout comme nous avons imaginé la danse accélérée de Gaïa lors de son évolution, nous aurions pu voir quelque chose de ce genre : dans les climats plus chauds du sud, entre les pôles glacés, les humains ont évolué à partir des animaux et avec eux. Lentement, ils se sont répandus et multipliés, se déplaçant plus loin au nord et au sud, entre les âges glaciaires, jusqu'à ce qu'ils peuplent la plupart des terres habitables. Ils n'étaient cependant pas suffisamment nombreux pour transformer leur environnement. Puis, là où régnaient des températures plus clémentes, certains groupes s'établirent pour bâtir des villages et cultiver des champs. C'est ainsi qu'ils changèrent leur environnement local, de façon à répondre à leurs propres besoins. Les villages devinrent des villes, puis des cités, puis de petits royaumes. Des tribus nomades vinrent et conquirent ces royaumes, les unissant en empires.

Au sein de ces empires et entre eux, il y eut des guerres, et on échangea des biens, reliant les terres et créant des routes maritimes. Les peuples et les biens qu'ils produisaient, ainsi que leurs modes de vie et leurs idées de production d'objets, circulaient sur ces routes, d'une société à l'autre. Les grandes cités devinrent des centres de production d'idées nouvelles et d'inventions. Les matières premières leur parvenaient de lieux de plus en plus lointains, alors que leurs produits étaient acheminés de plus en plus loin.

C'était comme si les peuples s'étaient lentement transformés en un grand être, fait de royaumes puis de nations, tels des organes, de routes commerciales pour le transport des produits et des biens tel le système circulatoire, d'idées et d'information se répandant tel un système nerveux.

L'économie consiste en la fabrication, les achats, les ventes et le transport de biens et d'aliments de par le monde. Lorsque les colonies gagnèrent leur indépendance des vieux empires, elles devinrent rapidement parties d'un nouvel empire, un empire économique et mondial, une espèce d'énorme nouvel être vivant qui s'étendait sur toute la Terre ! Cela s'appelle un empire financier, puisqu'il est dirigé par les plus grandes entreprises mondiales, les multinationales. Ces dernières appartiennent, pour la plupart d'entre elles, aux pays les plus riches et détiennent suffisamment de richesses et de pouvoir pour décider de la manière dont sera géré cet empire global. Mais ce dernier est également un être, dans la mesure où chaque pays représente un organe et que tous dépendent les uns des autres pour le meilleur et pour le pire.

Ce nouvel empire global beaucoup plus gros put s'établir lorsque les vieux empires commencèrent à s'écrouler. Les êtres humains, tout comme le reste de la nature, évoluent en se réorganisant en quelque chose de plus grand et de plus complexe. Les peuples n'avaient pas planifié faire part de ce grand être global. L'évolution s'est faite naturellement, tout comme nos corps ont évolué, sans que personne ne puisse comprendre ce qui se passait. Notre compréhension de nous-mêmes et de notre histoire est relativement nouvelle.

Il y a un peu plus d'une centaine d'années, nous ne connaissions rien des milliards d'années d'évolution de Terre, ni rien des quelques millions d'années de l'évolution humaine, et très peu sur les milliers d'années au cours desquelles les civilisations humaines se sont développées. Nous ne pouvions même pas savoir ce que vivaient les peuples partout ailleurs sur Terre au moment où cela se passait, puisque l'information circulait lentement d'un lieu à l'autre, jusqu'à ce que finalement nous inventions des voies de communication et des modes de déplacement plus rapides.

Les chevaux et les voiliers cédèrent la place aux engins à moteur, bateaux et trains à vapeur, voitures et avions. Plus ils allaient vite, plus nous allions vite nous aussi. Ils donnèrent la possibilité d'expédier les fournitures et les produits sur de longues distances. Ils nous permirent de nous battre dans de plus grandes guerres, éloignées de chez nous. Mais ils donnèrent aussi aux peuples la possibilité de se déplacer et de voir d'autres parties du monde, de satisfaire leur curiosité et de s'amuser, ou de chercher une vie nouvelle qui serait meilleure.

Les gens se rendaient visite et séjournaient souvent dans les pays des autres, apprenant leur langue et leur mode de vie, leur façon de travailler et de s'amuser. Les populations se mêlèrent. Ceux qui avaient été des étrangers les uns pour les autres, ou même des ennemis en temps de guerre, se marièrent et eurent des enfants. Les anciens repères de distance, de langue et de culture furent abolis chez les gens ordinaires, alors que les multinationales prenaient le contrôle de l'économie.

Nous avons été soudainement précipités à une époque où nos télescopes nous montrent les lieux les plus lointains de l'Univers et leur histoire la plus ancienne, où nos microscopes nous montrent notre ADN et nos bactéries intestinales, où nous pouvons déterrer des fossiles, d'anciens outils, des bâtiments, et les dater, où nous savons heure après heure, et même minute après minute, ce qui se passe partout sur la planète.

Nous pouvons maintenant partager notre expérience et notre histoire dans des e-books et des films, visionner gratuitement des vidéos sur YouTube, et y voir notre planète entière depuis l'espace. Nous pouvons réfléchir à ce qui s'y est produit sur de très longues périodes de temps. Même en tant qu'individus ordinaires, nous pouvons instantanément texter nos émotions (émoticônes) aux autres, et nous parler gratuitement grâce à Skype. La fantaisie des livres de science-fiction est devenue réalité, nous avons créé nos réalités à partir de nos rêves et de nos visions !

Tout cela réveille nos cœurs et nos esprits comme jamais auparavant, alors que nous partageons ce que nous expérimentons et apprenons les uns des autres, peu importe la distance. Pourtant, tandis que se bâtit ce corps mondial d'humanité, fait de sociétés humaines entre-tissées, tout ce qui nous préoccupe encore est nos inventions et nos guerres.

Nous nous sommes fait concurrence pour le soi-disant contrôle sur la nature, le contrôle des gens, des terres et des matières premières. Nous avions peur qu'il en manque. Mais, comme nous l'avons vu, dans l'histoire de l'évolution, depuis les archébacs jusqu'à nous, la nature ne fonctionne pas seulement selon la compétition. La mondialisation, la rapidité des communications et des déplacements, nous ont rapprochés en tant que famille humaine.

Nous avons formé les Nations unies dès la fin de la seconde guerre mondiale pour que les dirigeants politiques des diverses nations puissent dépasser leurs divergences, forger de nouvelles lois qui nous permettent de nous entendre. Les scientifiques tout autour du monde ont partagé leurs connaissances, et les arts et la musique de tous pays ont été connus de par le monde.

Bien que la coopération soit constante, nous nous percevions encore en concurrence les uns avec les autres. De bien des façons, nous étions aveugles envers notre propre coopération. Si nous avions reconnu Gaïa comme un être planétaire vivant coopératif, nous aurions peut-être vu plus clairement et lui aurions créé moins de problèmes, à la fois à elle et à nous.

Au lieu de cela, nous avons compris ce qu'était l'évolution, alors que nous étions au sommet de la compétition, tentant de gagner du pouvoir les uns sur les autres en nous faisant la guerre. La science nous a enseigné l'évolution darwinienne, et nous avons alors perçu notre économie comme une compétition entre les animaux les plus aptes à régner sur les moins forts. Nous avons cru qu'il était naturel et légitime pour les gens dotés de meilleures machines et de plus grosses fortunes ou d'armes plus puissantes de dominer les autres.

Les nations les plus puissantes étaient fières de leur « force » et méprisaient celles qui leur fournissaient nourriture et matières premières, comme si elles étaient moins adaptées. Cela semblait faire partie d'une lutte pour la survie, contribuer à enrichir les nations riches et à appauvrir les nations pauvres. Les gens disaient que c'était un monde impitoyable[1].

Mais les chiens ne mangent pas les chiens. Et même les lions, que nous disons rois de la jungle, ne mangent pas d'autres lions. Leurs schémas comportementaux innés ne leur permettent même pas de grossir en consommant tous les lapins ou toute autre réserve alimentaire. Si vous y pensez, les lions aident à la protection des espèces en mangeant les plus faibles et en mettant au défi les plus forts, afin de les garder suffisamment en forme pour qu'ils puissent s'échapper et ne pas être rattrapés.

Dans la nature, la compétition mène aussi au design créatif de nouvelles créatures, et pourtant, aucune d'entre elles ne survivrait si elles ne trouvaient pas le moyen de coopérer et de supporter mutuellement leurs modes de vie.

C'est la part de la nature que nous commençons tout juste à comprendre, grâce à l'étude de l'écologie et de la façon dont les écosystèmes fonctionnent. Nous découvrons que nous ne sommes ni des créatures spéciales mises sur terre pour régner sur la nature ni des créatures naturelles mieux faites que les autres. Au lieu de cela, nous voyons que nous, les êtres humains, sommes une nouvelle expérience, le nouveau design de grands cerveaux qui se fait encore tester pour voir s'il pourra jouer son rôle avec succès dans la danse constante improvisée et autoéquilibrée qu'est la vie.

---

1. NdlT : « *a dog eat dog world* ».

16

Nous éveiller à nos problèmes

Alors même que nous nous éveillons à notre propre compréhension, nous constatons qu'à chaque moment où nous pensons progresser dans le contrôle de la nature, nous déséquilibrons en fait sa danse. Nos usines et nos systèmes de transport rejettent des déchets chimiques dangereux dans l'air et dans l'eau. Nos cités bétonnées ne laissent pas suffisamment place aux plantes qui produisent de l'oxygène et nettoient le smog.

Nous cultivons nos aliments dans des sols gorgés de produits chimiques. Les bactéries, les insectes et les vers ne sont plus en mesure de les renouveler. Nous tentons de remplacer leur travail par l'usage de produits chimiques qui, en fait, nous nuisent. Nous tuons les insectes qui mangent les plantes, avec d'autres produits chimiques qui sont un danger pour la vie, et nous prenons conscience du fait que les insectes mutent pour leur résister, alors que ces produits chimiques polluent les sols et sont lavés par l'érosion jusqu'aux océans. À l'heure qu'il est, nous détruisons annuellement plus de sols que nous n'en cultivons. Cela signifie que la surface des sols où croissent les aliments se rétrécit, alors que la population continue d'augmenter rapidement. Si nous ne renversons pas ce processus, un nombre croissant de gens mourront de faim dans les années à venir, beaucoup plus que maintenant.

Nous abattons de grandes forêts pour le bois et pour en faire des champs. En détruisant les plantes productrices d'oxygène et les animaux qui y vivent, nous réalisons que nous créons des déserts plutôt que des jardins. Les forêts pluviales sont de superbes pompes à eau, elles saturent les nuages qui proviennent des océans et entrent dans les terres, tout en générant de nouveaux nuages pour envoyer l'eau plus loin encore dans les terres.

Lorsque nous comprenons cela, nous réalisons que le fait de créer des déserts à partir de forêts pluviales ne peut qu'engendrer des déserts sur des continents entiers ! Les forêts pluviales pompent aussi la chaleur des hauteurs, affectant ainsi les cycles climatiques globaux depuis les tropiques jusqu'aux pôles. D'autres forêts se meurent du fait des retombées des produits chimiques toxiques.

L'équilibre écologique de nos forêts, de nos rivières, de nos lacs et de nos océans, est encore plus perturbé par les déchets chimiques que nous rejetons de nos villes, de nos industries et de nos navires. Les accidents des pétroliers et le déversement de pétrole qui s'ensuit étouffent de nombreuses créatures, depuis les minuscules bactéries jusqu'aux poissons et aux oiseaux de mer piégés dans la marée noire.

Nos modes irresponsables de pêche, de chasse, la destruction d'écosystèmes entiers, ont tué ou mis en danger de nombreuses espèces animales aussi grandes que nous, autant que de plus petites. Nous décimons les espèces beaucoup plus rapidement que n'importe quelle catastrophe dont Gaïa n'ait jamais souffert !

Au cours des dernières années, nous avons compris à quel point la pollution de notre atmosphère forme une couverture qui réchauffe la Terre à une telle vitesse que nous entrons rapidement dans une ère de réchauffement. Ceci engendre d'énormes changements climatiques partout dans le monde, alors que les hauts glaciers des montagnes et les glaces polaires sont en train de fondre.

Avec l'arrivée de cette ère de réchauffement, l'évaporation massive de la glace charge l'atmosphère en eau, qui retombe loin des pôles et cause des inondations, tandis que des sécheresses sévissent ailleurs et causent des incendies. En fin de compte, les glaces du Groenland et du pôle Sud, qui sont tous deux d'énormes îles rocheuses, s'amincissent au point de craquer et glissent en gros morceaux dans les océans. Tous ces changements vont causer des tremblements de terre et élever le niveau des mers comme jamais auparavant.

Ces changements causent également des tempêtes encore plus grosses et modifient les modèles ; de nouveaux types de tempêtes se déplacent là où elles n'étaient pas prévues et où on ne s'y était pas préparé. Étrangement, alors que tout cela devient évident, les politiciens et les économistes ne paraissent pas vraiment vouloir agir pour réduire la pollution et nous préparer à survivre aux désastres. On dirait que le business de notre empire multinational, celui qui engendre le plus de pollution, est tellement accroché à ses profits qu'il ne peut voir qu'il met en danger non seulement toute l'espèce humaine, mais aussi les autres créatures !

Nous réalisons seulement maintenant que nos modes de vie industriels ont menacé et tué d'autres espèces, et que nous sommes nous-mêmes devenus une espèce menacée. Nous avons détruit nos écosystèmes locaux et ceux de la planète entière. Nous sommes les premières créatures de Gaïa qui ont la capacité de détruire ce qui a mis des milliards d'années à évoluer, et c'est ce que nous sommes en train de faire.

La destruction de notre monde naturel par nos modes de production économiques ressemble au désordre que peuvent engendrer des enfants créatifs et inventifs. Ils n'ont pas l'intention d'en créer. Ils sont simplement trop occupés et trop excités par ce qu'ils sont en train d'inventer pour remarquer l'importance du désordre qui s'accumule et du nettoyage que leurs mères devront faire. Imaginez une mère qui découvre que son aspirateur a été démonté par ses enfants pour qu'ils puissent réutiliser les pièces. Comment pourra-t-elle nettoyer tout cela ?

C'est justement ce qui arrive à Gaïa. Son petit dernier, cet humain inventif, détruit les créatures et les écosystèmes qu'elle nettoyait et rééquilibrait. Il n'existe plus suffisamment de microorganismes ou de plantes dans les villes pour commencer à nettoyer les épais nuages de smog qui les étouffent. Tout ce que Gaïa peut faire, c'est de laisser ses vents les charrier ailleurs, là où les poisons pourront se déposer ou tomber grâce à la pluie. Mais ils ne feront que détruire d'autres écosystèmes qui souffrent déjà de poisons accumulés dans leur sol et dans leurs eaux.

Nous pouvons nous pardonner d'avoir créé ce désordre écologique sans réaliser ce que nous faisions. Mais nous devons le reconnaître, ouvrir les yeux face aux dangers qu'il entraîne et apprendre à nettoyer nos propres modes de production pour qu'ils ne détruisent pas nos écosystèmes. Nos modes d'industrialisation engendrent 90 % de déchets de ce que nous prenons à la terre pour l'extraction de métaux utiles et que nous « chauffons, forgeons et transformons », afin d'en faire un peu de tout, voitures, ordinateurs, ponts et iPhone. En très peu d'années seulement, nous les jetons ensuite à la décharge, ce qui signifie que nous perdons tout ce que nous avions pris à la terre !

Gaïa n'est pas si folle ! Toutes ses autres créatures produisent des choses magnifiques à partir de leur propre température corporelle, sans aucun déchet et sans produire aucun poison. La soie de l'araignée est le matériau le plus fort et le plus résistant sur Terre. Si nous produisions une telle soie, aussi épaisse que de la corde, nous pourrions en faire des filets pour attraper des avions en plein vol, sans les abîmer. La superbe perle que vous trouvez dans les coquillages est un autre matériau extraordinaire produit par le corps des créatures, comme la colle la plus forte qui soit sur Terre. Un nid de frelons est fait de papier qu'il produit, une construction qui pèse moins que la centaine de frelons qui y vivent et qui n'est soufflée par aucune tempête, même en étant attachée à une branche par un seul cordon.

Pourquoi diable commençons-nous seulement, nous, les humains technos, à copier les façons de faire de la nature pour fabriquer nos propres choses ?

Parce que nous sommes une espèce jeune, qui se pense plus maligne que Gaïa et qui prête peu d'attention à ce qu'elle peut nous enseigner !

La plus grande part de notre capacité inventive est née de la compétition de l'industrie de la guerre. Pour chaque guerre humaine, depuis des milliers d'années, chaque côté a tenté d'inventer des armes qui tuent le plus grand nombre possible de gens se trouvant de l'autre côté, tout en perdant le moins de vies possible.

Aujourd'hui, à l'époque de la technologie moderne, nous détenons des armes si puissantes qu'elles tuent les gens des deux côtés, que cela nous plaise ou non. On pourrait penser, en le réalisant, qu'on s'arrêterait de fabriquer de telles armes. Mais les peuples ne se départissent jamais de leurs inventions.

Tout le monde sur Terre craint ces armes nucléaires. Nous continuons pourtant à les fabriquer. Nous en possédons suffisamment aujourd'hui pour détruire la totalité de l'espèce humaine, tous les peuples qui vivent sur Terre, de même que tous les autres êtres vivants visibles qui peuplent nos environnements. Les puissantes nations qui possèdent ces armes de destruction massive se fâchent, se jalousent, et dirigent de plus en plus de missiles nucléaires vers d'autres pays, espérant les rallier à leur cause. Même une petite guerre nucléaire entre deux nations, telles que l'Inde et le Pakistan, pourrait aggraver à un tel point nos problèmes climatiques qu'un milliard de personnes pourraient mourir de faim.

Pourtant, les chefs gouvernementaux et militaires s'essoufflent encore comme des dinosaures, faisant la démonstration de leur force pour que leurs ennemis aient peur de les attaquer. Le problème est qu'une seule personne perdant la tête et prise de peur pourrait être en mesure de déclencher de telles armes. Pire encore, ces dernières pourraient se déclencher accidentellement d'elles-mêmes. Si tel était le cas, les autres ne pourraient pas savoir qu'il s'agit d'un accident et déclencheraient les leurs, en même temps que les autres leur parviendraient par les airs.

Aussi apeurant que soit le pouvoir nucléaire, il fascine pourtant les gens. Les scientifiques ont senti qu'ils avaient réellement pris le contrôle sur la nature lorsqu'ils l'ont découvert, puisqu'ils fabriquaient cette chose ultime, le pouvoir qui fait flamber le Soleil lui-même et les autres étoiles, jusqu'aux plus petits atomes.

Ils ne pensaient vraiment pas au fait que les planètes se trouvent à des distances sécuritaires de leur propre soleil. Ou encore que les planètes sur lesquelles la vie évolue veillent soigneusement à équilibrer l'usage de leur énergie stellaire en se protégeant de trop grandes quantités. L'énergie solaire bénéfique ainsi que les rayons ultraviolets nocifs sont tous deux le résultat du feu nucléaire solaire. Nous en sommes à une distance sécuritaire et protégés par notre atmosphère grâce à ce que les archébacs microbiens ont appris il y a si longtemps.

Notre époque technologique nécessite de grandes quantités d'énergie pour que ses machines puissent fonctionner, que nos maisons aient de l'électricité, que nous puissions conduire nos voitures et faire voler nos avions. Peu de temps après que les scientifiques aient découvert l'arme nucléaire, ils se sont rendu compte qu'ils pouvaient également utiliser cette énergie pour remplacer le charbon, le pétrole et les autres carburants. On a alors construit un grand nombre d'usines nucléaires, et on en construit encore.

Même lorsque les usines produisent une énergie pacifique, leur machinerie peut se briser et provoquer de dangereux accidents, comme nous l'avons vu à maintes reprises. Lorsque cela se produit, les radiations dangereuses s'échappent, et comme toute radiation venue d'une bombe, elles blessent ou tuent les êtres vivants. Ces accidents ont provoqué bien des morts et affecté la santé de beaucoup d'autres qui se trouvaient aussi bien à proximité qu'éloignés du lieu de l'accident. Même de toutes petites quantités de radiation demeurent en nous et peuvent s'accumuler pendant des années avant que nous réalisions que nous avons un cancer ou toute autre maladie reliée aux radiations. Celles-ci peuvent aussi altérer le sperme ou les ovules, ce qui fait que nos enfants naîtront difformes ou malades.

Ces choses se produisent en ce moment même au Japon, là où les premières bombes atomiques sont tombées il y a trois quarts de siècle et où leurs centrales nucléaires ont récemment fondu. Nous le voyons aussi chez les mineurs amérindiens qui sont forcés de travailler sans protection dans les mines d'uranium situées sur leurs terres après nous avoir avertis de ne pas le déterrer !

Ceux qui ont travaillé dans les centrales nucléaires ou qui ont vécu là où se sont produits des accidents, ou qui ont consommé des aliments contaminés loin de ces lieux, ont tous été atteints.

Il n'existe aucun lieu sécuritaire pour construire des centrales nucléaires. Même lorsque tout fonctionne parfaitement, la centrale produit des déchets extrêmement dangereux, des radiations empoisonnées qui seront relâchées pendant des centaines de milliers d'années. Nous n'avons pas de matériau qui puisse durer aussi longtemps que le plutonium qu'il contiendra. Chaque année, on transporte des tonnes de plutonium par camions sur les autoroutes ou par voie aérienne afin de les enterrer. Une livre de plutonium suffit à donner un cancer à tous les individus qui se trouvent sur Terre.

Il est difficile de voir comment quiconque peut affirmer que l'énergie nucléaire est sécuritaire. Ceux qui fabriquent les bombes et l'énergie nucléaire s'enrichissent, tout comme ceux qui vendent des produits chimiques agricoles toxiques, et des semences génétiquement modifiées. Ils dépensent tous beaucoup de temps, d'efforts et d'argent à nous convaincre que ce qu'ils font nous est bénéfique.

Plus de quinze millions de personnes, surtout des enfants, meurent de faim chaque année. Jusque vers 1995, nous avions légèrement diminué ce nombre, mais depuis, le problème s'est aggravé, car nous laissons le profit outrepasser le bien-être, tout comme l'écart énorme qui s'est accru entre riches et pauvres. Un demi-milliard d'individus sont malades parce qu'ils manquent de nourriture, et presque la moitié des enfants du monde vont se coucher le soir en ayant faim, et n'ont même pas accès à l'eau potable.

Le monde produit pourtant plus qu'assez de nourriture pour que tous soient en bonne santé, et cette nourriture est le plus souvent produite dans les pays les plus pauvres. Leurs peuples ne peuvent même pas se procurer ce qu'ils produisent sur des terres qui leur appartenaient jadis, et appartiennent maintenant à d'autres. Il y a une telle abondance de nourriture dans les pays riches qu'une grande part d'entre elle est jetée. On appelle cela une crise de surproduction. Il y a des pays qui payent leurs paysans pour qu'ils produisent moins.

Aucun de ces terribles problèmes ne semble faire sens. Pourquoi n'arrêtons-nous pas tout simplement d'empoisonner et de tuer nos écosystèmes et même nos réserves alimentaires ? Pourquoi ne cessons-nous pas tout simplement de fabriquer des armes qui peuvent nous détruire ou causer du tort aux générations futures qui survivront ? Pourquoi ne laissons-nous pas manger les gens qui ont faim ? Pourquoi ne pouvons-nous pas vivre en paix ensemble sur cette magnifique planète ?

Nous pourrions tout aussi bien nous demander pourquoi les enfants se bagarrent, se font du mal et se volent des choses. Les adultes qui ont créé tous ces problèmes agissent encore comme des enfants ou des ados, dans la danse de l'évolution. Les bâtisseurs d'empires, qui perdurent depuis six mille ans, se comportent comme des espèces créatives, compétitives et juvéniles, tel que nous l'avons observé au sein de l'évolution. Cela, avant que tous n'apprennent qu'il coûte moins cher de nourrir ses ennemis que de les tuer, et qu'ils grandissent suffisamment pour que la coopération s'installe entre eux !

17

Grandir en tant qu'espèce

Les jeunes voient parfois les choses plus clairement que les plus âgés, mais ils ont du mal à trouver des adultes qui les écoutent. Ces derniers mettent toujours le doigt sur le fait qu'ils n'ont pas d'expérience et que ce monde est trop compliqué pour que l'on puisse imaginer des solutions simples à ses problèmes.

Lorsque les jeunes enfants se volent les choses et se bagarrent pour prendre le pouvoir, les adultes réagissent très vite pour leur expliquer que le partage rend tout le monde beaucoup plus heureux. Et pourtant, ces adultes qui dirigent les nations du monde ainsi que l'empire financier agissent encore trop souvent comme des enfants cupides et chamailleurs qui auraient entre les mains des armes dangereuses et des produits chimiques toxiques.

Comment cela peut-il être possible si les adultes ont tant d'expérience ?

Ils savent d'expérience que la coopération est bonne pour les enfants, les familles, et même pour des pays entiers. Ils peuvent même imaginer qu'elle serait bénéfique pour l'ensemble des nations du monde. Bien des adultes, partout dans le monde, voudraient que ce que soit le cas, et certains essaient de tout mettre en œuvre pour que cela ait lieu.

Mais les adultes ont aussi une grande expérience de la compétition. Pendant les milliers d'années où les empires se sont construits, ils ont eu peur qu'il n'y ait pas suffisamment de terre et de nourriture pour tous. Ils ont cru qu'ils devaient se battre et se voler les uns les autres afin de survivre. Ils se sont convaincus du fait que ceux qui possédaient les meilleures armes et les meilleures terres étaient plus malins que les autres, car ils devraient se protéger de ces « autres ». Ils se sont même convaincus qu'ils étaient plus malins que la nature elle-même.

La compétition les a rendus rivaux, mais elle les a également rapprochés. Par la course compétitive aux inventions en transport et en communication, ils ont bâti le début d'un nouvel organisme mondial d'individus, comme nous l'avons vu. Pour la première fois dans l'histoire, ils ne pourraient pas se séparer de leurs rivaux, même s'ils le désiraient.

Ils ne peuvent pas non plus se séparer des pays les plus pauvres, dont ils dépendent pour leurs approvisionnements, mais qu'ils trouvent de plus en plus difficiles à contrôler.

Les adultes de ce monde sont donc piégés dans une situation où ils savent qu'ils doivent apprendre à coopérer, mais où leurs habitudes de compétitions violentes leur barrent la route. Lorsqu'on en vient à la coopération mondiale, ils n'ont pas plus d'expérience que les enfants. Tout comme eux, ils essaient pendant un temps de coopérer, puis ils se bagarrent à nouveau. Les enfants ont des parents et des enseignants pour les aider à apprendre. Mais où se trouve le parent ou l'enseignant qui peut les aider pour cette nouvelle expérience qui consiste à devenir un organisme planétaire ? Comment peuvent-ils apprendre que la coopération coûte moins cher que la compétition ? Après tout, la compétition engendre d'énormes profits lorsqu'il s'agit de produire et de vendre des armes et d'autres objets qui servent aux guerres.

Dans les temps anciens, les peuples croyaient qu'il y avait une déesse mère qui était bonne pour eux, mais qui leur enseignait aussi, et qu'ils devaient lui obéir. Elle se nommait Gaïa, ou tout autre nom qu'ils avaient pour nommer la nature. Elle semblait les aider à grandir et à former les premières cités dont nous avons parlé plus tôt. Lorsque l'âge des empires débuta, la plupart des peuples commencèrent à vénérer un Dieu paternel, comme nous l'avons vu aussi. Beaucoup plus tard, en Europe, les scientifiques déclarèrent que ce Père n'existait pas et qu'ils pouvaient tout connaître d'eux-mêmes ! Ils crurent qu'ils pouvaient tout contrôler, même le fait de diriger le vaisseau spatial Terre. Autant pour la danse de Gaïa !

Voyons comment tout cela s'est produit.

Au cours des derniers milliers d'années, les êtres humains ont construit un monde extraordinaire, ce qu'aucune espèce n'a jamais fait. Lorsqu'ils ont atteint l'ère de la science et des technologies, les hommes se sont enorgueillis, convaincus du fait qu'ils résoudraient l'ensemble des problèmes humains en devenant plus malins et meilleurs que la nature elle-même. Ils n'avaient besoin ni d'une grande Déesse ni d'un grand Dieu pour leur dire quoi faire. Ils ont même commencé à rire d'avoir cru qu'il existait un être plus grand qu'eux.

Ce fut un grand choc de découvrir que les merveilleuses inventions de la science et de la technologie ne résolvaient *pas* leurs problèmes. Ces derniers, engendrés par une violente compétition, se développaient plus rapidement que ceux qui étaient résolus par la voie de la coopération. Il y avait la guerre et la menace d'une plus grande guerre, les armes nucléaires qui pouvaient tous les détruire, une terrible famine mondiale et des environnements morts ou se mourant. Nous avons maintenant ajouté le problème d'un trop grand nombre de gens : la pollution qui mène à une ère de réchauffement, les carburants fossiles qui diminuent au moment où il nous faut encore plus d'énergie, le système monétaire mondial qui s'écroule !

Combien de ces énormes problèmes pouvons-nous supporter ? Pouvons-nous réellement les résoudre avant qu'ils ne nous tuent ? Avant que nous connaissions l'extinction, par notre propre faute ? Nous sommes vraiment déçus de ne les avoir pas résolus bien avant et nous craignons réellement l'émergence de nouveaux problèmes ; cela nous met en danger grave de perdre foi en nous-mêmes !

Imaginons comment Gaïa pourrait nous voir, nous et nos problèmes, si elle pouvait penser et en parler. Elle pourrait, bien sûr, être fière de ce que nous avons accompli en un si court laps de temps. Elle serait certainement fière de notre caractère inventif, la création de très belle musique et des arts, nos efforts pour nous diriger et toutes les merveilleuses histoires qui ont été contées de tant de manières. Elle serait peut-être très fière que nous soyons devenus une espèce globale qui peut communiquer par Internet.

Prendre conscience du fait que nous ne connaissons pas tout est un signe de croissance ! Le fait que le monde devienne un organisme planétaire formé d'individus est encore très nouveau pour nous. Et il est encore plus nouveau de commencer à réaliser que cet organisme est inclus dans un plus grand corps, une plus grande danse, celle de Gaïa. Nous l'avions oublié. Ce dont nous nous souvenions des temps anciens paraissait n'être que le fruit de notre imagination.

Il nous paraissait bien mieux de comprendre notre monde en fonction de la science plutôt que par les mythes anciens et ses fantaisies. Mais la grande surprise fut de découvrir scientifiquement l'existence de Gaïa. La science elle-même nous dit qu'une Terre vivante subvient à nos besoins, et se bat à l'heure actuelle pour préserver l'équilibre de nos écosystèmes, de nos océans et de notre atmosphère, ainsi qu'une température qui nous soit adéquate.

Les peuples anciens sentaient la présence de Gaïa et percevaient les mouvements de sa danse. Nous l'avons vu ! Lorsque nous sommes devenus un seul corps, nous nous sommes en même temps libérés de notre planète, et pour la première fois, nous l'avons perçue distante de nous. Nous nous sommes précipités à la recherche de vie nouvelle ailleurs. N'ayant rien trouvé dans notre système solaire, nous avons alors ressenti respect et amour pour notre propre planète. Nous l'étudions maintenant intensément, avec l'urgence nouvelle de comprendre ce que tout cela signifie. Et nous découvrons qu'elle est vivante, en tant que le grand être Gaïa que les Anciens comprenaient.

Nous découvrons qu'elle est plus sage que nous, qu'elle sait comment créer de l'ordre à partir du chaos tout en accueillant le désordre comme un défi incessant. Elle ne semble pas vouloir trouver le type de perfection qui lui enlèverait toute raison d'inventer de nouveaux pas de danse.

Souvenons-nous que ses premiers enfants, les archébacs, l'ont aidée à résoudre les problèmes des météores et des radiations ultraviolettes. Ils ont aussi engendré de grands problèmes envers eux-mêmes, du fait de l'oxygène qui leur était toxique, et ils ont dû apprendre à résoudre ces problèmes grâce à la coopération qui s'est établie entre les producteurs d'oxygène et ses utilisateurs.

Chaque étape franchie pour parvenir à une coopération adulte nous a menés vers une plus grande créativité. La coopération des archébacs pour former des cellules nucléées a été la plus grande étape de l'évolution, puisqu'elle a engendré tous les autres règnes de vie qui ont suivi : protistes, fungi, végétaux et animaux. La coopération a mené à la reproduction, aux créatures multicellulaires, aux écosystèmes équilibrés.

Nous avons maintenant atteint le point où nous pouvons faire un gigantesque saut dans l'évolution, en unissant les gens qui collaborent en un corps planétaire harmonieux, un corps d'humanité qui pourra prendre soin de lui, comprendre Gaïa et *l'*aider à prendre soin d'*elle*. Un corps qui pourra même aider à planifier l'avenir !

Pensez-y ! D'abord les premiers archébacs (procaryotes) ont formé des cellules nucléées (eucaryotes) comme des coopératives que nous appelons aussi *protistes*, puis ils ont formé des coopératives que nous appelons les *créatures multicellulaires*, fungi, végétaux, animaux. Puis, nous les humains, animaux multicellulaires, sommes en train de former une famille globale coopérative, un corps d'humanité ! Dans chaque cas, nous avons vu que les plus petits êtres coopèrent afin de devenir des êtres plus grands et plus complexes.

Lorsque nous voyons la vie qui s'étale sur des milliards d'années, nos plus grands problèmes se transforment soudain en défis intéressants. Nous comprenons que la coopération humaine, pas simplement celle des familles et des communautés, mais aussi celle entre nations, est maintenant nécessaire à notre propre survie. Nous constatons que les anciens comportements juvéniles créatifs cupides et méchants nous ont menés au point où nous en sommes, mais qu'ils n'ont plus leur place dans la danse de Gaïa.

Elle continuera à danser, peu importe si nous nous détruisons ou si nous nous empoisonnons avec la pollution, et même si nous détruisons tout sauf les microbes terrestres qui, eux, perdureront.

Nous sommes la seule espèce dont l'instinct ne nous empêche pas de trop manger, d'accumuler alors que d'autres ont faim, et de nous entretuer. Nous avons pourtant la liberté d'établir nos propres limites à partir de nos propres expériences et de notre libre arbitre. Nous avons la capacité et la liberté de produire autant de nourriture que nous le désirons, sans blesser le corps de Gaïa. Nous voyons que nous sommes encore des enfants, que nous ne sommes pas sages, mais que nous détenons de merveilleuses possibilités de grandir.

Nos corps cessent leur croissance après l'adolescence et subviennent par la suite à leurs propres besoins pour le reste de leur vie adulte. Aucun type de créature ne peut continuer à croître après sa jeunesse, pas même le corps global de l'humanité ! Pas même notre économie ! Il est temps de quitter l'âge des empires et de nous transformer en une économie globale, durable, coopérative.

Si les bactéries, qui n'ont pas de cerveaux, ont appris à coopérer, nous le pouvons certainement nous aussi. Si les cellules ont pu s'organiser en corps sain, nous le pouvons certainement nous aussi. Tout ce qu'il nous faut faire, c'est observer le fonctionnement de nos propres corps.

Imaginez que les pays soient comme les organes d'un corps. Les pays alliés peuvent travailler comme des systèmes organiques : squelettique, musculaire, nerveux, digestif. Nous pouvons d'emblée affirmer que nos corps ne pourraient fonctionner si de tels systèmes se faisaient la guerre ou se volaient des réserves.

Nous pouvons également voir que ces organes – ou ces systèmes – ne peuvent pas se ressembler. Un corps qui serait uniquement fait à partir d'os n'est qu'un squelette. Aucun système ne peut forcer les autres à lui ressembler. Ils doivent tous être différents, mais ils doivent travailler ensemble. Pouvez-vous imaginer votre cœur qui essaie de dire à votre foie de devenir un autre cœur ? Pourquoi pensons-nous que les gens de cultures ou de pays différents se doivent d'être comme nous ?

Imaginons que les réserves mondiales alimentaires soient comme notre sang. Les cellules sanguines sont formées de plusieurs éléments à l'intérieur des os. Elles sont transportées par les organes qui se trouvent au-dessus du diaphragme, le cœur et les poumons, « industrie nordique », là où l'oxygène est pris et où le sang est purifié afin de le rendre utile au corps. Le cœur doit ensuite pomper le sang pour le distribuer partout dans le corps, tel que nécessaire.

Imaginez que votre cœur énonce un prix corporel pour le sang et qu'il l'envoie seulement aux organes qui peuvent payer ce prix, tout en rejetant les surplus. Certains des os qui ont produit le matériau de base, les cellules sanguines, pourraient mourir de faim. Comment le corps pourrait-il alors fonctionner ?

C'est exactement ce qui se passe avec nos réserves alimentaires. Dans le corps de l'humanité, le cœur et les poumons sont les compagnies industrielles nordiques qui détiennent ou achètent la nourriture produite partout dans le monde, la transforment puis la revendent à des prix que tous ne peuvent pas acheter. Les pays riches jettent la nourriture alors que les pays pauvres en manquent. Beaucoup de cette nourriture, par exemple les céréales, est dévorée par des rats ou bien pourrit dans de gigantesques entrepôts, puisque les personnes qui les ont elles-mêmes produites ne peuvent se les offrir. Quel type d'espèce pourrait laisser une telle chose se produire ?

Aucun corps global tel celui de l'humanité n'a jamais évolué auparavant sur notre planète. Nous sommes les seuls de cette espèce, et si nous ne parvenons pas à nous développer globalement de manière durable et coopérative, il n'y en aura pas d'autres. L'organisation ne se fera pas de manière individuelle, pas plus qu'elle ne s'est faite ainsi avec les cellules corporelles. Chaque corps complexe de l'évolution doit travailler sa propre organisation. Ce n'est pas la façon de résoudre les choses qui compte, car nous sommes libres de faire à notre manière. Ce qui importe, c'est que nous puissions le faire de façon juste et harmonieuse et qui fonctionne pour tous.

Que se passe-t-il avec nos idées et nos systèmes politiques ? Nous sommes si occupés à nous craindre et à nous haïr que nous oublions tout ce que nous avons en commun. Les pays capitalistes et communistes ont tous deux construit des sociétés industrielles à partir de matières premières qu'ils ont obtenues des pays pauvres. Mais les uns croyaient que l'économie est plus juste lorsque les individus sont en concurrence économique, alors que les autres croyaient que les gens doivent travailler pour des entreprises collectives détenues par des gouvernements, afin de créer une société plus juste.

Les deux systèmes ont dépensé beaucoup d'énergie à tenter de convaincre ou de forcer le reste du monde à faire les choses comme eux, ou du moins à s'aligner avec eux contre « l'autre côté ». Pire encore, chaque système s'est battu pour se préserver des changements évolutionnaires que ses peuples tentaient d'apporter. Surtout lorsque ces changements semblaient les rapprocher. Les capitalistes et les communistes craignent les idées l'un de l'autre.

On aurait dit que les communistes demandaient aux individus de sacrifier leur propre intérêt au profit de celui de la communauté, et que le capitalisme encourageait les gens à sacrifier l'intérêt de la communauté au profit de l'intérêt privé. Même au sein de nos démocraties, les conservateurs, perçus comme la « droite » politique, ont tendance à soutenir l'entreprise privée, tandis que les radicaux, comme la « gauche » politique, ont tendance à soutenir des programmes publics.

Gaïa, mère Nature, ne sépare jamais ainsi les choses ! Elle est très conservatrice avec ce qui fonctionne bien, et très radicale avec ce qui ne fonctionne pas et qui nécessite d'être changé. Le conseil qu'elle pourrait nous donner serait celui de voir un système composé de deux partis qui travaillent en coopération, un côté protégeant ce qui fonctionne, et l'autre changeant ce qui ne marche pas ! Cela serait bien plus sensé que de se disputer !

Un corps vivant complexe a besoin d'un système nerveux qui s'assure du fait que tous les autres systèmes fonctionnent bien ensemble. Le cerveau est une sorte de chambre de compensation pour l'information, qui veille à ce que l'ensemble des organes et des systèmes obtiennent ce qui leur est nécessaire, qui, à leur tour, redonnent au corps ce dont il a besoin. Le cerveau n'est pas un dictateur, mais plutôt un gouvernement au service du bien-être de chaque cellule et de chaque organe. Chaque partie du corps écoute le cerveau, ressent qu'il veut seulement ce qui est le mieux pour elle, tout comme le cerveau est à l'écoute de chaque partie du corps. Un corps ne pourrait fonctionner si ses parties ne prêtaient pas attention au cerveau, ou si elles le désapprouvaient. Pouvez-vous imaginer les os et les muscles se haïr, se faire la guerre, ou tenter de convaincre les autres organes d'être comme eux ?

Après les deux guerres mondiales du XXe siècle, les gens ont commencé à penser qu'ils étaient un corps global d'humanité à la recherche d'un cerveau, lequel pourrait les aider à s'organiser de manière coopérative, et prévenir ainsi d'autres guerres. C'est la raison pour laquelle ils ont formé la Ligue des Nations, devenue par la suite les Nations unies. Tout comme les noyaux des premiers protistes et les cerveaux animaux, celles-ci recueillent et emmagasinent l'information, observent les besoins de l'ensemble du monde, et tentent de créer des règles coopératives qui soient approuvées par chaque nation, chaque pays. Nous n'avons pas connu de troisième guerre mondiale depuis qu'elles ont été mises sur pied.

C'est un très bon début, mais nous sommes loin d'être hors de danger. Nous n'avons pas suffisamment foi en elles, et nous ne sommes pas convaincus du fait qu'elles constituent la meilleure solution. Les puissantes nations surtout, ne veulent pas les entendre et tentent de miner ses fonctions. Elles pensent que les Nations unies favorisent les pays les plus pauvres, pays encore exploités pour le profit. C'est pourtant exactement ce que n'importe quel cerveau doit faire. Les parties du corps qui sont malades et qui ne reçoivent pas suffisamment doivent primer sur les autres, pour la santé globale du corps. Les organes sains qui peuvent dépenser des ressources doivent les aider à se rétablir afin qu'ils puissent jouer leur rôle. Les Nations unies sont l'organisation mondiale de gouvernance que nous avons créée jusqu'ici, qui prend soin de l'ensemble des pays, de la paix, de la faim, de l'éducation. Son travail consiste à ce que les enfants du monde entier grandissent en bonne santé et apprennent à partager et à s'aimer. C'est notre espoir qui peut rompre avec nos mauvaises habitudes de haine et de cupidité. Mais cela ne peut fonctionner, si certains pays se retirent, disent que ça ne sert à rien ou refusent de soutenir les Nations unies lorsque les votes sont contre eux ! Cela ne fait que montrer du doigt les nations qui refusent encore de grandir !

Une fois que nous aurons reconnu cela et compris la sagesse de Gaïa, nous pourrons réellement commencer à grandir en tant qu'espèce à part entière. Nous verrons que le vrai pouvoir des peuples de ce monde n'est pas celui du contrôle des uns sur les autres ni le pouvoir du contrôle sur la nature. Nous verrons que ce sont des idées infantiles du pouvoir, et qu'un pouvoir adulte est celui qui consiste à voir et à comprendre la danse de la vie à part entière grâce à nos merveilleux cerveaux, et d'y joindre harmonieusement notre propre danse.

Nous aurons la capacité de voir beaucoup plus loin que nous n'avons jamais vu auparavant, une fois libérés de notre égoïsme. Nous aurons la vision et la sagesse qui nous permettent de comprendre la raison pour laquelle nous devrions nous soucier de notre espèce entière, tout comme nous nous soucions de nous-mêmes.

18
Apprendre de Gaïa

Ce n'est que lorsque nous comprendrons mieux ce que nous sommes et la manière dont nous nous insérons dans cette danse globale de l'évolution et de l'écologie que nous aurons la force et la maturité d'admettre que nous avons beaucoup à apprendre. Nous apprendrons beaucoup plus de la nature de Gaïa et comprendrons nos propres erreurs au sein de cette danse. Nous chercherons les manières d'améliorer la vie de tous, en faisant nos propres choix en toute liberté, et nous le ferons avec amour et respect les uns pour les autres. Grâce à son aide, nous aimerons et respecterons notre planète et guérirons les blessures que nous lui avons infligées.

Il paraît maintenant évident que notre rêve d'un âge d'or de la technologie ne peut se réaliser sans que nous considérions ses effets sur nous-mêmes et sur la Terre. Le type et la quantité d'énergie dont nous faisons usage, nos déchets et la pollution, sont tout simplement un trop grand stress pour Gaïa. Nous avons forcé son déséquilibre, et il semble que la manière de retrouver cet équilibre soit l'instauration d'une ère de réchauffement.

En reconnaissant ce que nous lui avons fait, nous pouvons agir de plusieurs façons pour lui restituer sa santé en même temps que la nôtre. Nous devons faire tout ce qui est en notre pouvoir pour faire cesser le gaspillage d'énergie et revoir nos modes de production par le biais d'autres technologies. Nous devons voir la Terre elle-même comme une planète propre, verte, qui tire son énergie du Soleil depuis toujours dans la danse de Gaïa ! En prenant exemple sur elle, nous avons la capacité de rendre la totalité de notre technologie propre, verte et recyclable comme partout ailleurs dans la nature. Nous pouvons nous rendre inoffensifs pour nos écosystèmes, et même leur faire du bien.

Il nous est pourtant difficile de travailler à une plus grande égalité entre êtres humains. Des études ont néanmoins démontré que les nations où les inégalités sont les moins présentes, sont celles où les gens sont le plus heureux. Si tous peuvent satisfaire leurs besoins et si personne ne détient de fortune scandaleuse gagnée en exploitant la nature et les autres, les choses n'en fonctionnent que mieux.

Il existe encore des gens très riches dans les pays les plus pauvres. Il s'agit d'un héritage de notre colonialisme, lorsque les étrangers sont arrivés et qu'ils ont soudoyé les chefs avec de l'argent et du pouvoir, afin de prendre leurs terres et leurs ressources. Les gens pauvres ont alors été forcés de travailler en usines pour un maigre salaire ou de cultiver d'énormes plantations au lieu de prendre soin d'eux-mêmes et de leurs familles sur des terres qui leur avaient été enlevées. Les multinationales ont reproduit ce modèle par le travail dans les mines, la déforestation, l'agro-industrie.

Ce système bancaire global, qui décide de la manière dont fonctionne l'argent et là où il peut aller, a convaincu les quelques personnes riches des pays pauvres d'emprunter de grosses sommes. On leur a dit qu'acheter des usines, de grands barrages et de la machinerie industrielle leur permettrait d'assurer leur économie. En fait, cela n'a fait qu'enrichir ces riches et les étrangers propriétaires alors que la plupart des gens s'appauvrissaient désespérément et qu'une part croissante des terres se transformait en déserts du fait de l'extraction minière, de la déforestation et d'une agriculture malsaine.

La dette a alors augmenté, puisque ces pays n'étaient même pas en mesure de payer leurs intérêts bancaires. Vous savez probablement que, lorsque vous n'êtes pas en mesure de rembourser vos dettes, par exemple les prêts hypothécaires, les cartes de crédit, ces dernières s'accumulent à un point tel que les intérêts que vous devez dépassent le montant de votre dette ! Une maison achetée par prêt hypothécaire finit en général par coûter trois fois plus cher que si vous l'aviez payée comptant.

Afin de mieux comprendre ce que sont l'économie et l'argent, cherchez sur Google *The story of stuff* et *The story of money* d'Annie Leonard. Dans une société saine qui fonctionne pour tout le monde, l'argent ne serait jamais quelque chose que l'on peut vendre et acheter dans le but de s'enrichir. Il serait seulement destiné à faciliter les achats, les ventes et les investissements des entreprises qui desservent réellement la société, et les banquiers recevraient simplement des salaires pour le travail qu'ils font.

En fait, les grandes religions, comme le judaïsme, le christianisme et l'Islam, interdisaient toutes des prêts d'argent avec intérêts, car leurs fondateurs comprenaient à quel point il est mauvais pour les gens et les sociétés de laisser ces prêts devenir profitables. Mais étant donné qu'ils étaient en mode juvénile de construction d'empires, les puissants de ce monde se sont seulement souciés de leur propre richesse et ils ont ignoré les enseignements religieux qui étaient censés apporter une vie saine à tous.

Nous avons connu des récessions et de véritables dépressions depuis que ce système bancaire existe. Ce sont dans ces moments que les gens deviennent créatifs et qu'ils inventent des modes de paiement plus équitables ou des devises qu'ils utilisent entre eux pour préserver les économies locales. Tout simplement, ils impriment de l'argent, qui sera tout à fait différent de l'argent bancaire courant pour ne pas être illégal, et ils le distribuent équitablement afin qu'il puisse être utilisé pour l'échange de biens et de services. Au cours de la Grande Dépression des années trente, aux États-Unis, on recensait des centaines de ce type de devises.

Pour initier un tel système, les gens de cette économie d'intention doivent définir ce qu'ils ont à offrir mutuellement, et la valeur du pain ou de la garde d'un enfant, de la réparation d'ordinateurs, des soins de santé, de la culture de tomates, de la réparation de meubles, de l'enseignement du yoga, ou de toute autre chose utile à l'économie. On pourrait, par exemple, définir cette valeur en la comptabilisant en heures de travail. Cherchez *Ithaca Hours* sur Google, en tant que modèle réussi d'un tel système.

Tout ce qu'il vous faut pour créer votre propre monnaie, c'est un groupe de gens décidés, qui sont en mesure de s'offrir des services mutuellement, ainsi que quelques volontaires pour le démarrer : recruter des gens et imprimer l'argent que l'on aura décidé de produire. On utilise dans bien des endroits du monde un système créé au Canada appelé LETS (système d'échange en économie locale). Dans ce système, vous n'avez souvent même pas besoin d'imprimer et de distribuer de l'argent. Tout ce qu'il vous faut, c'est quelqu'un qui gère un site web sur lequel les gens s'inscrivent en disant ce qu'ils ont à offrir comme service dans l'économie. On ouvre à chacun un compte équilibré à zéro. Chaque fois que la personne vend, le compte augmente, et chaque fois qu'elle achète, il diminue.

En Nouvelle-Zélande, des groupes de quatre à vingt familles ont sorti leur argent des banques et l'ont regroupé dans la banque de leur propre communauté. Ils se prêtent mutuellement de l'argent, par exemple quand une famille veut bâtir une maison. Pour chaque paiement mensuel du remboursement du prêt, la moitié de la somme sert à rembourser le prêt, et l'autre moitié s'accumule sur le compte de la famille qui emprunte, de manière à ce qu'elle puisse continuer à économiser dans la réserve commune sans vider son compte du fait qu'elle rembourse. Même les familles qui n'empruntent jamais peuvent s'entendre sur des améliorations de la communauté, et se sentir bien ainsi, du fait qu'elles la soutiennent de manière valable, plutôt que les banques qui font des profits à partir des dépôts bancaires.

Il existe bien des façons de commencer à mettre en pratique ce que nous désirons pour l'avenir ! Nous devrons probablement réorganiser les sociétés humaines à plus petite échelle, axées sur l'autosuffisance, et des économies équilibrées au plan écologique, tout en demeurant reliés aux grands réseaux de communication que nous avons aujourd'hui. L'agriculture biologique, grâce à la permaculture ou à d'autres systèmes, sera de la plus grande importance, car elle nous permettra de ne pas détruire nos sols ou nos réserves d'eau. Il nous serait profitable d'apprendre des peuples indigènes qui se sont nourris sans détruire leur environnement. L'idée entière de profit pourrait être remplacée par celle de partage, du fait de se soucier des autres et de recycler.

L'une des questions importantes à laquelle nous faisons face c'est ce que nous voulons en faire. Une fois que nous aurons construit une économie verte et propre, certains ont la vision d'un avenir dans lequel personne ne travaillerait puisque des robots de haute technologie feraient le travail à notre place. Nous pourrions jouer et écrire de la musique, de l'art et de la poésie, ou ce qu'il nous plairait de faire. Dans cette vision, la technologie créée par l'homme est mieux considérée que la nature. De ce fait, on produirait la nourriture dans des serres automatisées à partir de nutriments que les gens auraient choisi d'utiliser, plutôt que de faire pousser les plantes en pleine terre.

Sommes-nous vraiment plus malins que les plantes qui décident d'elles-mêmes ce qu'elles devraient « manger » ? Pourrons-nous jamais inventer un composé chimique plus sain que ceux que Gaïa produit ? Nous les nourrissons d'engrais et nous les « protégeons » à l'aide d'insecticides faits à partir d'énergies fossiles toxiques que Gaïa avait enterrées pour prévenir l'excès d'accumulation de carbone dans l'atmosphère. Nous procédons à la réingénierie de leurs gènes en des agencements qui n'ont pas encore fait la preuve de leur innocuité. Nous ne savons pas si cela porte atteinte à notre santé lorsque nous les mangeons.

La technologie est merveilleuse quand elle garde sa place, mais la technologie agricole est devenue hautement destructrice par l'usage d'énergies fossiles, d'horribles parcs d'engraissement et autres tortures animales et végétales, la mauvaise utilisation d'antibiotiques et le génie génétique. Après avoir recensé nos réserves alimentaires mondiales, les Nations unies nous ont avertis du fait que de plus petites fermes utilisant des méthodes naturelles sont la seule façon raisonnable de nourrir le monde entier à l'avenir, et qu'elles en sont capables.

Les grandes multinationales agricoles occultent ces informations et nous bernent en nous faisant acheter leurs produits du fait qu'ils nous coûtent moins cher. Mais la raison pour laquelle la nourriture biologique coûte plus cher renvoie au fait que l'industrie agroalimentaire non biologique reçoit de l'argent des gouvernements pour diminuer son coût de vente. L'agriculture biologique est, de plus, locale et saisonnière, alors que nous sommes conditionnés à consommer une nourriture hautement transformée, additionnée de sirop de maïs et d'additifs qui nous sont nuisibles. Dans les supermarchés contemporains, 80 % de la nourriture transformée, tous genres confondus, contient ce sirop. Il n'est pas étonnant que nous y soyons accros !

L'agriculture de pointe n'est pas seulement nocive à la croissance des végétaux. Les animaux destinés à la consommation souffrent beaucoup des parcs d'engraissement de haute technologie, des diètes non naturelles, de la traite mécanique, des médicaments chimiques qui font du tort aux consommateurs autant qu'à eux. Les vaches, les chevaux, les moutons et les chèvres doivent paître dans des pâturages qui, sans eux, se transforment en déserts. Les pâturages connaissent des saisons sèches au cours desquelles l'herbe meurt si elle n'est pas richement fertilisée par ces ongulés, qui la mangent tout autant qu'ils aèrent ses racines en la martelant de leurs sabots. Bien des gens pensent que les vaches sont mauvaises, car elles produisent des gaz polluants, mais elles le font seulement sur des parcs d'engraissement, là où la nourriture ne leur est pas adéquate.

Quelle sorte d'expérience de la nature auront les peuples du futur, quand ils se croiront plus malins qu'elle ? Ce serait peut-être vraiment bien si nos voitures étaient des robots automatisés qui n'entrent jamais en collision et qui ne se perdent jamais. Et ce serait peut-être bien si les voitures et les routes étaient faites de matériaux non toxiques et automatiquement recyclés lorsqu'ils sont usés. Et qui se plaindrait si les robots qui fabriquent les voitures pouvaient eux-mêmes se remplacer lorsqu'ils sont hors d'usage ? Mais peut-être devrions-nous y songer deux fois pour ce qui est de notre nourriture et avoir confiance en la longue expérience de la nature pour la produire.

Tout cela pour dire que la technologie est merveilleuse lorsqu'elle est produite de manière écologique et utilisée là où elle peut réellement nous être bénéfique ! Mais on ne doit pas l'utiliser pour remplacer ce que la nature peut mieux faire. Bien des gens de par le monde seraient heureux de cultiver naturellement sur des terres saines et de construire des maisons à partir de matériaux naturels où il fait bon vivre et qui peuvent faire l'objet de designs très artistiques. Ces occupations génèrent des modes de vie très gratifiants. Il existe bien des façons de faciliter le travail agricole, plus qu'il ne l'était auparavant, comme la permaculture, la restauration de prairies, les techniques de fermes multifaces[1] (*voir sur Google*)

1. NdlT : Polyface Farm techniques.

et d'autres techniques développées par ceux qui étudient et respectent la santé des écosystèmes.

Nous devrons tous être créatifs en repensant les façons de vivre en harmonie les uns avec les autres et la nature entière, les façons de grandir en tant qu'espèce qui sait qu'il coûte moins cher de nourrir ses ennemis que de les tuer ! Nous pouvons facilement apprendre en observant cette riche variété que crée Gaïa en une seule danse harmonieuse. Nous pouvons comprendre la raison pour laquelle Gaïa ne recherche pas la similitude et la perfection, et cesser de la chercher en nous. Nous devons apprendre plus encore de la façon dont elle crée les différences et les réunit harmonieusement, laisser évoluer la nouveauté, puisqu'équilibre et harmonie travaillent de concert, au lieu de créer des monocultures, ce que l'on ne rencontre jamais dans la nature. Nous trouverons toutes sortes de nouvelles idées pour nous organiser tout comme elle l'a elle-même fait depuis des milliards d'années. Et plus encore.

Nous apprendrons à voir nos organisations non pas comme des machines, mais comme des entités vivantes qui se soucient d'elles-mêmes, tout en demeurant ouvertes au changement. Nous verrons que les idées créatives naissent de la différence et du dialogue, que compétition et conflit peuvent être amicaux et sains, et même coopératifs, sans devoir nous mener au malheur et à la guerre.

Considérez, par exemple, la manière dont le monde pourrait changer si, lors des compétitions sportives scolaires, les gens encourageaient les buts visés par les deux équipes. Lors d'une compétition amicale, on reconnaîtrait qu'il faut deux équipes quand on vise l'excellence. Et si l'équipe qui accumule le plus grand nombre de points invitait l'autre équipe à déjeuner pour les honorer de les avoir conduits à l'excellence ? Il n'y aurait rien à changer quant à la manière de jouer, mais seulement dans la manière de percevoir le jeu ! Et plus de larmes du côté des perdants puisque plus personne ne serait perdant.

Connaissez-vous une école qui puisse vouloir tenter cela pendant un an ?

Nous, les êtres humains, devons cesser de nous détester et de pointer des armes les uns sur les autres. Nous pouvons nous entraider et apprendre mutuellement, partager nos merveilleuses expériences et les choses dont nous n'avons réellement pas besoin. Nous trouverons très certainement que nous nous enrichissons tous ainsi, à la fois matériellement et spirituellement. C'est exactement ainsi que tant d'espèces ont évolué, en apprenant qu'il coûte moins cher de nourrir ses ennemis que de les tuer !

Partout dans l'histoire, les enseignants et les philosophes des grandes religions ont tenté de nous enseigner ces choses. Les peuples indigènes l'ont fait aussi, mais nous les avons encore moins écoutés que les philosophes du monde occidental. Nous avons trouvé que ces idées étaient belles et nous avons souhaité un tel monde. Mais on aurait dit que ces idées et les idéaux humains demeuraient toujours trop difficiles à mettre en pratique. Elles semblaient aller contre ce que l'on nous a dit de la nature humaine, puisque la compétition darwinienne était mieux perçue que la coopération kropotkinienne.

Pourtant, la nature – au sens large – a mis ces « idées » d'équilibre et d'harmonie en pratique depuis des milliards d'années. Nous ne savions pas que l'histoire de l'évolution était écrite dans nos propres corps, dans nos mitochondries, nos gènes d'ADN, nos cellules, nos systèmes organiques et nos cerveaux, et même dans la façon dont nous devenons maintenant un grand corps d'humanité. Nous découvrons tout juste que les façons de faire de Gaïa sont déjà structurées en nous et prêtes à être utilisées pour notre propre bien, que nous avons la liberté et le pouvoir de le faire et de grandir en tant qu'espèce.

Si nous voulons devenir une humanité globale adulte et prospère, nous devons abandonner nos modes violents et destructeurs et voir qu'ils sont *contre* nature, comme nous l'ont enseigné les meilleures philosophies et religions.

Le préfixe *re* en latin signifie « de retour » ou « à nouveau », et *ligio* signifie « relier » ou « connecter ». Chaque quête d'une vraie religion a été une quête vers des façons de nous relier à nouveau à nos débuts, une quête qui demande « Qui sommes-nous ? » « D'où venons-nous ? » « Le fait de connaître nos origines nous aidera-t-il à devenir meilleurs ? »

Nous avons presque toujours ressenti profondément en nous que nous étions les enfants d'un plus grand être, de loin beaucoup plus sage que nous le sommes. Les scientifiques, qui ont souvent paru nier les religions, nous démontrent aujourd'hui que nous avions raison depuis le début, que la Terre est vivante, qu'il existe une danse créative de Gaïa. Et ils nous donnent espoir d'une compréhension de nos origines dans l'évolution de cette danse qui nous rattache à elle, et qui peut réellement nous aider à nous améliorer.

Il existe une prophétie amérindienne hopi, selon laquelle un frère blanc et un frère rouge sont nés d'une même mère. Le frère blanc a été envoyé pour apprendre et inventer des choses, alors que le frère rouge restait à la maison et avait la consigne sacrée de garder la terre. Un jour, le frère blanc reviendrait. Alors, il partagerait sa connaissance et ses inventions avec le frère rouge et écouterait sa sagesse, afin de l'utiliser pour le bien de tous les peuples et de la nature. Sinon, le monde connaîtrait de grandes tribulations.

Cette prophétie ressemble à notre histoire. Le frère blanc, les Européens et leurs descendants d'ailleurs ont détruit les cultures du frère rouge amérindien plutôt que de reconnaître sa sagesse, et nous connaissons certainement de grands problèmes mondiaux. Les Indiens kogis d'Amérique du Sud ont une histoire similaire, qu'ils appellent *grand frère* et *petit frère*. Aluna, déesse qui créa le monde, envoya petit frère au loin, très loin au-delà des océans puisqu'il causait tant de problèmes. Quoi qu'il en soit, il revint un jour, et causa à grand frère, les anciennes cultures amérindiennes, plus de trouble encore. Avec ses ravages et ses inventions, il décima les forêts et transforma le climat.

Il n'est peut-être pas trop tard, même au sein de nos crises actuelles, pour apprendre ce qu'il nous reste de ces cultures. Bien des scientifiques occidentaux commencent aujourd'hui à étudier cette connaissance et cette sagesse des cultures indigènes qui se trouvent dans les forêts pluviales, les déserts, les îles éloignées. Si nous pouvions allier le meilleur des sciences et de la technologie de notre monde industriel à la science indigène plus sage et écologiquement fiable, nous trouverions des façons stimulantes d'aller vers l'avenir en tant que réels frères et sœurs.

19

La plus grande danse

Nos croyances envers l'Univers et la Terre sont notre choix, que nous soyons scientifiques ou pas. La plupart des scientifiques croient que l'Univers est né à partir d'une série d'accidents, dans un monde de pure matière et d'énergie. Certains scientifiques croient que c'est Dieu qui a créé l'Univers. Et d'autres encore croient que l'Univers s'est formé à partir d'un champ infini de conscience cosmique.

On peut penser à un univers conscient comme à un créateur qui est création, tout comme nous pouvons voir que le danseur qui se meut fait partie de la danse. Dans une telle danse, la matière se forme au sein de la conscience en tant que mouvement vibratoire différent, plus lent.

Il est pourtant possible que les scientifiques aient ces vues très diverses de l'Univers dans lequel nous vivons, de même que les religions perçoivent Dieu de diverses manières. Un physicien peut croire que la matière produit la conscience par le biais du cerveau, alors qu'un autre croira que la conscience, en tant que conscience cosmique, se ralentit pour créer la matière, incluant les cerveaux. Tout à fait l'opposé !

Pensez-y. Votre cerveau crée-t-il la conscience ou bien la conscience crée-t-elle votre cerveau ? Vous verrez le monde différemment, selon la réponse que vous donnerez. De grands esprits se sont dédiés à cette question et certains ont conclu, d'autres pas. Vous aussi, vous pouvez vous faire votre propre opinion.

La vérité est quelque chose que vous devez toujours chercher de vous-même. L'intuition vous dira parfois si vous avez raison. À d'autres moments, vous devrez lire, chercher, parler à des experts, devenir scientifique, chercher des informations sur Internet ou prier Dieu. Mais toutes ces informations que vous recueillerez ne vous donneront que des indices pour vous faire votre propre opinion.

Ce qu'il y a de plus authentique pour vous, c'est votre propre expérience du monde. Cette expérience est votre réalité ! Et il n'existe pas deux personnes qui ont la même réalité. C'est pour cela qu'il n'y a personne qui lira ce livre et le comprendra de la même façon, puisque chacun l'inclut dans sa propre expérience, à sa façon !

La science acquiert la connaissance grâce à la recherche, en expérimentant et en testant les idées, tandis que la religion acquiert la connaissance grâce à la révélation, c'est-à-dire par l'information qui est directement révélée aux esprits de certains. La recherche scientifique débute par des théories, les idées de ce que sont les choses, dans la mesure où elles sont testées avec soin, par le biais d'expériences. Mais aucun scientifique ne peut bâtir de théorie sans avoir de croyance de base préalable sur le type d'univers qu'il veut étudier par le biais de la recherche. Si vous ne savez pas du tout ce qu'est un Univers, comment pouvez-vous l'étudier ? Vous devrez soit adopter des idées qui proviennent de votre culture, ou bien vous faire vos propres idées.

La science se fonde donc toujours sur un ensemble de croyances qui ne peuvent être prouvées. Ces croyances, ces présomptions, diffèrent selon les sciences, par exemple la science arabe ancienne qui a évolué en science de l'Islam et la science védique, très ancienne science de l'Inde, toutes deux beaucoup plus anciennes que la science occidentale d'origine européenne ! En fait, c'est probablement simplement à partir de ces croyances fondamentales sur l'Univers que l'on peut différencier une science d'une autre, puisque chaque science doit bâtir et vérifier ses théories en utilisant des méthodes de recherche appropriées.

Voici quelques exemples de ces croyances fondamentales : la science occidentale croit que nous vivons dans un univers non vivant, la science islamique assume un univers vivant créé par Dieu (Allah), et la science védique se base sur un univers vivant conscient. La science occidentale se base sur le fait que la conscience évolue depuis la matière, alors que la science védique se base sur la croyance de la matière qui évolue à partir de la conscience. Tout à fait l'opposé ! Ces quelques différences nous montrent que les scientifiques de sciences qui diffèrent soulèveront des questions différentes.

Malheureusement, la science occidentale nous enseigne que les autres sciences, comme la science chinoise taoïste, les sciences des peuples indigènes et d'autres, ne sont pas de réelles sciences. Mais comment pouvons-nous décider du fait qu'une seule culture humaine aura la bonne information envers la nature fondamentale de l'Univers ? Si nous pouvons nous entendre sur le fait qu'il n'existe pas une seule religion qui détienne la vérité, que chaque religion est un chemin vers Dieu, alors, ne pourrions-nous pas nous entendre sur le fait qu'il n'existe pas une seule véritable science, que toutes les sciences sont des chemins vers la connaissance ?

Il n'a pas été possible de prouver que les concepts culturels des scientifiques étaient erronés ou pas, mais ce sont ces différentes croyances qui les guident pour construire et vérifier diverses théories de la nature. Nous avons vu, à titre d'exemple, que Darwin et Kropotkin défendaient des théories de l'évolution différentes, basées sur leurs idées de l'importance de la compétition ou de la coopération.

Les êtres humains ont toujours été des créateurs conteurs d'histoires. Nous avons fait évoluer la mythologie, la religion et la science grâce à nos mythes fondateurs. Au début de ce livre, nous avons évoqué une histoire grecque ancienne, un mythe, celui de la danse de Gaïa. Puis nous avons remarqué que ce mythe ressemblait beaucoup à l'histoire de la Terre que les scientifiques ont dévoilée après de nombreuses années de recherche ; que la Terre est vivante, qu'elle a créé sa propre atmosphère et ses propres océans, que les êtres vivants qui l'habitent ont évolué jusqu'à nous. Le mythe, venu aux Anciens comme une révélation, a rencontré la science, qui détient la même histoire par le biais de la recherche et qui a été en mesure d'aller beaucoup plus en détails.

Tout comme Gaïa, chacun de nous est à la fois un danseur et la danse. Chacune de nos cellules, chacun de nous en tant qu'individu, et nous tous ensemble, sommes cocréateurs de la danse de la vie. Souvenez-vous que la danse n'existe pas sans le danseur, et que le danseur n'existe pas sans elle. Lorsque nous avons parlé de l'énergie au début de ce livre, nous avons vu que chacun de nous est fait d'énergie, tel un clavier doté de notes basses, moyennes ou élevées, un clavier de matière, d'énergie et d'esprit.

Le célèbre Einstein a démontré que matière et énergie sont la même chose, que l'énergie peut devenir matière, puis à nouveau énergie. Pensez à la manière dont la glace, l'eau et la vapeur sont toujours de l'eau sous différentes formes, leurs molécules vibrant à des vitesses différentes, et vous pourrez alors voir comment matière, énergie et esprit peuvent tous être des formes de la même chose.

Mais qu'est-ce que cette « même chose », ou ce « quelque chose », capable de se transformer en différents éléments qui nous composent ?

Un nombre croissant de scientifiques acceptent aujourd'hui que ce « quelque chose » est la conscience, comme le disaient les sciences beaucoup plus anciennes que la science moderne, des milliers d'années plus tôt.

En ce sens, chacun de nous est un être de matière-énergie-esprit, qui s'expérimente lui-même en tant que conscience, grâce à la pensée par laquelle tout ce que nous expérimentons, tout ce à quoi nous songeons et rêvons, s'écoule avec la danse de nos vies. L'expérience est tel un fleuve de conscience qui semble détenir un passé, un présent, un avenir, mais qui, en fait, se maintient toujours dans le *maintenant*.

Bien des cultures humaines ont compris ce *maintenant* de nos expériences comme étant l'éternité. L'éternité n'est pas quelque chose qui dure à jamais, mais simplement quelque chose hors du temps, au-delà de toute idée de temps, quelque chose qui *est* tout simplement, et ne peut pas être autrement. Si le corps physique de votre chère grand-mère est mort, son esprit se trouve hors du temps, là où il s'est toujours trouvé, dans le *maintenant* hors temps.

La beauté de cela est qu'en étant un pur esprit dans l'éternité, elle n'a pas besoin d'horloge et est disponible en tout temps pour vous parler, et qu'elle peut vous apparaître sous toutes formes que vous désirez voir. Vos yeux physiques sont inutiles ici, tout autant que les horloges le sont pour elle. Pour vous relier à son esprit, vous devez utiliser l'aspect spirituel de votre être, souvenez-vous qu'il fait partie de votre clavier, et vous devez ainsi ouvrir vos sens intérieurs pour l'entendre.

Vous avez peut-être entendu dire que cela était impossible. Probablement parce que votre culture vous a enseigné une science de la matière qui ne peut étudier l'esprit, puisque ses croyances fondamentales ne l'incluent pas comme faisant partie de la réalité. La science occidentale ne peut pas étudier ce qu'elle ne peut pas mesurer. Vous pouvez quand même essayer, si vous ne l'avez pas déjà fait, et vous pouvez vous entraîner à penser à vous comme un esprit hors du temps, si vous ne savez pas déjà que vous en êtes un.

Le temps est donc quelque chose d'évident et de nécessaire dans notre monde matériel ; il est constamment mesuré par le mouvement de la matière, mais il est absent du monde de l'esprit. En tant qu'être matière-énergie-esprit, nous pouvons comprendre à la fois le temps et l'éternité hors temps. Bien des cultures indigènes partout dans le monde l'ont compris sans les confondre.

Dans notre monde matériel où le temps nous est si utile, nous faisons les choses auxquelles nous pensons d'abord avant qu'elles surviennent. En fait, c'est ainsi que nous créons notre monde humain. Si vous regardez autour de vous, tout ce que vous voyez, produit par les êtres humains, a débuté sous la forme d'idées nées de la pensée. Et ce sont les idées nées de notre pensée qui façonnent nos réalités, jour après jour. En rêve, nous pouvons créer instantanément ce à quoi nous songeons ; pensez à une voiture et elle y est ; pensez à un ami et il surgit !

La création n'est, en rêves, limitée ni par le temps ni par les efforts. Peut-être que Tout ce qui Est a créé le monde physique, afin de ralentir le processus de création et pour que les êtres humains puissent réellement apprendre et comprendre ce qu'est la créativité, devoir imaginer une voiture puis fabriquer tous ses éléments et les assembler. Nous avons ainsi créé un incroyable monde technologique et nous en sommes venus à comprendre notre pouvoir de créer jusque dans les moindres détails. Mais c'est le monde des rêves que nous devons étudier pour comprendre en quoi le pouvoir de la pensée crée des effets immédiats autour de nous. La matière est la vibration la plus lente de notre clavier, et la création matérielle est lente, tandis que les pensées se situent sur les plus hautes notes vibratoires du clavier, celles de l'esprit, et qu'elles se déplacent à beaucoup plus grande vitesse en produisant des effets beaucoup plus rapides.

Avez-vous remarqué que parfois, lorsque vous vous réveillez en ayant de la peine parce que des choses vont mal dans votre vie, bien souvent, votre journée ne sera pas agréable ? Et qu'en est-il lorsque vous êtes amoureux et que vous trouvez que le monde est merveilleux ? En fait, il l'est bel et bien, merveilleux, lorsque votre esprit le perçoit ainsi, bien que ce qui vous semble magique cette journée-là soit le fruit de votre propre création. Vous verrez que votre réalité reflète toujours vos émotions et vos pensées. Cela signifie que vous n'êtes pas séparé de votre monde par votre peau, mais que vous y êtes profondément enraciné, et que votre peau n'est que le connecteur sensible à tout ce qui vous entoure, tout comme vos yeux et vos oreilles, votre nez et vos doigts.

Une fois encore, pensez à la conscience comme aux notes les plus hautes, qui ralentissent, abaissent leurs vibrations ou leur tonalité jusque dans l'énergie électromagnétique qui nous est familière, puis encore plus jusque dans les notes de la matière. Nous formons ainsi un seul être ! C'est pour cette raison que la religion nous enseigne à nous aimer les uns les autres, et que la science nous montre comment je suis toi, tu es moi, et que nous sommes Tout ce qui Est. Les scientifiques nomment cela le *champ quantique*, cette pure énergie de danse qu'ils ont découverte alors qu'ils cherchaient encore plus profondément à comprendre notre monde. Il n'y a pas si loin à percevoir cela comme la conscience.

Si tout dans la nature se joue comme de la musique, sur un grand clavier matière/énergie/esprit, alors, toute la nature se tient au sein d'un esprit cosmique, comme le croient les scientifiques védiques, et alors, tout est intelligent, depuis la plus petite particule jusqu'à la plus grande galaxie et tous les êtres qui la peuplent. Essayez de vous percevoir comme un petit esprit au sein d'un Grand Esprit. Quand on apprend à méditer, notre petit esprit prend de l'expansion pour rejoindre ce Grand Esprit. Les frontières auxquelles on croit se dissolvent alors, et nous vivons une expérience directe de l'Unité. Cela est si bon que l'on veut le refaire encore et encore. On se sent tenus dans les bras de l'Univers, et c'est réel. Et lorsqu'on ouvre les yeux, le monde familier nous paraît encore plus accueillant.

L'évolution biologique nous a montré que nous avons évolué à partir d'autres créatures vivantes de la Terre, et cela, depuis la plus ancienne bactérie. Mais nous voyons également qu'elles et nous sommes tout autant faits d'esprit que de matière. Les populations indigènes ont vu et voient encore les créatures vivantes comme des proches, des frères et des sœurs, qui sont tout aussi intelligentes, sinon plus, que les êtres humains. Certains croient que Dieu a créé les gens complètement différemment des animaux, et d'autres croient que des extra-terrestres sont venus d'autres planètes et se sont en quelque sorte mêlés aux créatures de la Terre pour créer des êtres humains. En vérité, à la question « D'où venons-nous ? », la science n'apporte pas de réponse claire. Encore une fois, nous devons donc choisir notre histoire !

Mais il est clair que peu importe comment l'humanité a débuté, nous n'avons jamais connu d'époque aussi passionnante ! Nous en savons beaucoup plus sur ce que nous sommes et sur ce que sont les autres, et nous comprenons nos problèmes. Nous sommes malheureux lorsque nous songeons que nous sommes les êtres vivants les plus exceptionnels qui soient sur Terre, mais que nous créons un tel gâchis. Nous voyons maintenant que l'humanité est sortie de sa phase juvénile de croissance, de son passé tribal, et qu'elle sort cette fois de l'âge des empires. Il y a tant de défis fantastiques qui nous attendent et de merveilleuses opportunités pour croître face à chaque crise que nous affrontons !

Ce qui est merveilleux avec les crises, les inondations, les tremblements de terre, les coupures de courant électrique, c'est que, subitement, chacun sait comment coopérer sans devoir l'apprendre. Il est clair que la compétition darwinienne n'est donc pas ce qui nous mue. Mais cela ne devrait pas nous étonner. Au cours de sa longue vie, Gaïa a souffert cinq extinctions majeures. Chacune d'elles a tué la plupart de ses créatures lorsqu'une catastrophe cosmique a bouleversé le climat terrestre, à tel point que très peu d'espèces plus grosses que les microbes ont pu survivre. Pourtant, chaque fois que cela s'est produit, ceux qui ont survécu ont fait appel à leur créativité, en développant de nouveaux modes de vie et en tissant leur danse en de nouveaux écosystèmes coopératifs. Les créatures qui ont survécu aux désastres et ont évolué jusqu'à nous ont eu le temps d'apprendre à s'adapter et à cohabiter. La vie est si résiliente !

Nous savons que les seules créatures de la danse de Gaïa qui ont créé *et* résolu les problèmes globaux de famine et de pollution étaient nos ancêtres les archébacs. Et ils l'ont fait sans bénéficier de cerveaux, encore moins de grands cerveaux ! On aurait pensé que les humains utilisent cette habileté à imaginer un avenir meilleur et à résoudre les problèmes avant que ces derniers ne prennent de telles proportions, comme à l'heure actuelle. Mais il semble également que nous ayons besoin de ce défi d'immenses désastres pour que notre créativité soit stimulée et que nous agissions.

Nous avons inventé tant et tant d'objets qui nous rendent la vie confortable, même sur une planète plus chaude. Après tout, un grand nombre d'humains ont appris à bien vivre dans les déserts les plus chauds, tout simplement par l'invention de technologies simples et adéquates qui améliorent leur confort. Nous avons tout ce qu'il nous faut pour travailler ensemble, peu importe la distance qui nous sépare. Et nous n'avons jamais pu échanger autant d'idées avec autant de vélocité.

Oui, nous avons engendré les plus gros problèmes que les peuples aient jamais connus, mais cela signifie aussi que nous avons la plus grande opportunité de les résoudre avec sagesse.

Nous avons plongé aussi profondément que dans l'atome et sommes allés aussi loin que les étoiles. Nous connaissons une bonne part de notre évolution dans la danse de Gaïa. Nous savons que cette évolution n'est pas une marche stable, lente, et faite de pas accidentels. Elle serait plutôt une incroyable danse créative et intelligente, une danse vivante de laquelle surgissent de nouveaux motifs, mais aussi des mouvements plus lents, au sein d'une grande variété de danseurs.

Il arrive qu'une espèce atteigne parfois un stade où elle n'est plus dans la danse et doit tenter à tout prix de changer, sans quoi elle s'éteindrait. D'autres espèces trouvent la maturité de leur équilibre et de leur danse dans le même motif, qui perdure sur des centaines de millions d'années, peu importe ce qui se passe autour d'eux. Les requins et les blattes sont demeurés semblables tandis qu'un grand nombre d'autres espèces, incluant la nôtre, ont radicalement changé. On pourrait comparer cela à des bicyclettes existant à l'ère des jets, qui fonctionnent encore parfaitement, en dépit des nouveaux designs de créatures qui les entourent.

Nous avons vu que nous, les humains, sommes relativement nouveaux, si l'on nous compare à d'autres espèces, et pourtant ; nous sommes déjà en voie de former un nouvel organisme mondial d'humanité. L'évolution nous fait franchir une nouvelle étape, où nous élargissons la conscience de nos actes, où nous nous organisons à l'aide d'idées, plutôt que guidés par l'instinct, où nous nous percevons comme des esprits vivant une expérience humaine, comme disent certains, et nous éveillant à notre Unité, notre présence à Tout ce qui Est.

Nous, les êtres humains, représentons la première opportunité de la Terre de se voir par les yeux d'une « espèce conteuse d'histoires ». Nous sommes cependant devenus un danger pour Gaïa en croyant à nos propres histoires, qui nous disent que nous sommes plus intelligents qu'elles. Nous la forçons à effectuer des changements climatiques draconiens pour qu'elle puisse retrouver l'équilibre de sa danse, du fait que nous avons mis tant de temps à réaliser ce que nous étions en train de lui faire subir, à elle et à nous.

Nous avons commencé à former ce corps d'humanité en mondialisant la construction d'empires. Nous prenons aujourd'hui conscience de ce comportement destructeur et commençons à développer une économie plus propre et plus verte, en mettant les technologies inventées pour la guerre, au service de la coopération pacifique, tout comme les archébacs l'ont fait jadis.

Les systèmes conçus pour la production mondiale, le transport et les communications peuvent tous être utilisés à des fins pacifiques et durables, si nous réduisons la consommation d'énergie, produisons des énergies propres à l'aide de ressources renouvelables, rendons les objets recyclables, ou du moins, repensons leur impact écologique.

Nos politiques et nos économies nationales et internationales ne sont, à l'heure actuelle, pas mûres pour le faire correctement, et nous devrons donc y travailler grandement. Les nations les plus puissantes se battent encore pour avoir le contrôle les unes sur les autres. Elles ne réalisent pas que l'équilibre et l'harmonie coopératifs de l'organisme entier sont la seule chose qui puisse assurer leur propre santé à venir. Cette économie mondiale doit fonctionner comme nos propres corps, nos centaines de trillions de cellules, dont chacune est aussi complexe qu'une ville, et qui pourtant travaillent harmonieusement ensemble.

Et n'oublions pas que pour chacune de nos cellules nucléées, construites à l'origine par les archébacs sous forme de coopérative, nous avons dix bactéries qui vivent dans nos tripes et sur notre peau, veillant à nous garder en santé ! L'une des choses les plus importantes que nous ayons à faire si nous voulons améliorer l'avenir, c'est de nous assurer que nos réserves alimentaires les nourrissent correctement, sans quoi elles ne pourront pas effectuer leur travail et gérer efficacement notre système immunitaire. Chaque fois que vous mangez, pensez à ces merveilleuses bactéries intestinales et envoyez-leur de l'amour en même temps qu'une nourriture de qualité ! Un nombre croissant de recherches scientifiques démontrent qu'aujourd'hui, la plupart de la nourriture transformée par les technologies de pointe est en fait de la véritable malbouffe, alors qu'une diète naturelle saine peut soigner et même prévenir la plupart de nos pires maladies chroniques.

Heureusement, au milieu de cette apparente confusion sans espoir que connaissent nos écosystèmes endommagés, la guerre et la famine, le réchauffement global, les énormes tempêtes, les tremblements de terre et les incendies, nous prenons conscience des raisons qui ont engendré ces si terribles problèmes. La peur de ne pas avoir suffisamment fait naître le désir de prendre plus que ce dont nous avons besoin. C'est cela qui a engendré de puissantes nations, égoïstes, orientées vers la guerre. Les humains manquent de ces instincts qui préviennent les autres espèces de se conduire ainsi, et nous devons donc utiliser nos grands cerveaux et notre libre arbitre pour éviter cette conduite.

Nous avons pensé que nous devions choisir entre le fait que chacun agisse pour soi, ou qu'il soit si généreux qu'il sacrifiera ses intérêts pour le bien de tous. Comme nous l'avons vu au chapitre précédent, nous avons bâti deux grands systèmes économiques et politiques sur la base de deux idées : le capitalisme et le communisme. Tous deux exploitaient la nature afin de développer de vastes économies industrielles, tous deux s'élevaient l'un contre l'autre, médisaient et pointaient leurs armes l'un sur l'autre, puis, ils ont dit au reste du monde : « Alors, qui choisissez-vous ? »

On ne demande pas aux autres espèces animales de faire de tels choix. Elles ont simplement évolué dans la danse de Gaïa pour prendre soin d'elles-mêmes de telle manière qu'elles prennent aussi soin de leur propre espèce, tout autant que des autres espèces. La compétition entre individus qui se soucient les uns des autres, pour autant qu'elle ne soit pas mortelle, peut mener à la création de nouveaux motifs. La plupart des espèces ont appris que le partage du territoire et des réserves alimentaires en évitant de tuer sa propre espèce est bénéfique à la totalité d'entre elles.

Il n'existe pas de conflit sérieux entre les individus et la communauté au sein des autres espèces. Gaïa veille à ce que tous deux existent dans un équilibre mutuel. Elle comprend également le besoin d'un comportement conservateur qui protège ce qui fonctionne bien, en même temps qu'un comportement radicalement créatif qui change ce qui ne fonctionne pas. Elle fonctionne selon « les deux ensemble » plutôt que « l'un ou l'autre ».

Nous en avons beaucoup à apprendre, et heureusement, nous pouvons apprendre très vite ! Lorsque nous constatons que les différences entre les peuples sont aussi importantes que leurs similitudes et que les ressources terrestres suffisent largement pour tous dans la mesure où nous ne prenons pas plus que ce dont nous avons besoin, il n'y a plus d'obstacles à ce que nous puissions bâtir un monde meilleur pour nous et pour le reste de la nature. Les problèmes de guerre, de famine, d'écologie, sembleront se régler d'eux-mêmes si nous abandonnons nos vieux modes de fonctionnement destructeurs, bref, si nous mûrissons comme tant d'autres espèces l'ont fait.

C'est seulement parce que nous percevons nos différences comme quelque chose de négatif qu'il nous est si difficile de nous soucier des autres et de partager. Nous avons la mauvaise habitude de croire que nous sommes, en quelque sorte, mieux que ceux dont la couleur, le comportement ou les idées diffèrent des nôtres. Nous nous convainquons que notre couleur, notre comportement, nos idées sont ceux qui sont « légitimes », ceux qui sont le plus « adaptés ». Aussitôt que nous pensons que nous sommes mieux que les autres, nous ressentons le désir de les attaquer, en médisant sur eux ou en les affrontant.

Nous avons vu, en observant l'évolution de la danse de Gaïa, que les peuples ont eu à s'organiser grâce à leurs idées plutôt qu'à leurs instincts. Aussitôt que nous l'intégrerons, nous verrons que notre évolution ne pourrait perdurer si nous avions tous les mêmes idées. L'évolution animale et végétale se base sur la surveillance des écosystèmes qui les abritent, l'ajustement des patterns d'ADN et du travail des protéines qui en découle. Chaque espèce a ses propres patterns, mais elle doit s'ajuster de manière coopérative aux autres patterns si elle veut préserver l'équilibre de son écosystème.

Si l'on comprend que les idées humaines sont un écosystème de différentes espèces d'idées ayant chacune leurs propres variations, nous cessons d'avoir peur et de haïr les idées qui diffèrent des nôtres. Nous apprendrons à faire confiance en l'écologie de toutes ces idées pour qu'elles s'équilibrent de manière créative. Celles qui nuisent aux écosystèmes naturels mourront alors, tandis que de nouvelles idées continueront d'évoluer. Il existe de merveilleuses techniques qui peuvent conduire à l'harmonie du jeu des idées, telles que www.co-intelligence.org.

Les plantes vertes qui vivent partout sur la planète utilisent l'énergie solaire sécuritaire toujours présente, peu importe la quantité qu'elles utilisent. À leur tour, ces plantes deviennent source d'énergie pour les animaux qui les mangent. Les peuples peuvent utiliser une grande quantité d'énergie solaire, eux aussi, tout comme ils peuvent produire des énergies propres à partir de la culture des plantes ou des algues. Nous pouvons coopérer, partager l'abondance terrestre et solaire, tout comme le font les diverses espèces dans les environnements naturels, diminuer la pollution et donner du temps à Gaïa pour qu'elle soigne et guérisse ses blessures.

En apprenant à nous connaître et à connaître Gaïa, nous voyons qu'il n'y a pas de problème que nous ne puissions résoudre. Ceux-ci sont nés de l'incompréhension et du non-respect envers elle. Nous en sommes venus à croire que l'évolution n'était qu'une bataille sanglante pour la survie, et nous n'avons pas vu son équilibre coopératif et son harmonie. Nous pensions que chaque espèce n'existait que pour elle-même et que rien d'autre ne les reliait de manière coopérative. Nous n'avons pas réalisé que toutes les espèces créent et renouvellent constamment leurs écosystèmes pour pouvoir continuer à vivre.

De cette incompréhension sont nées nos habitudes de peur et de haine. Elles nous ont menés jusqu'au point où nous pouvons nous suicider en tant qu'espèce si nous ne les abandonnons pas. Si nous le faisons, que nous les échangeons contre la confiance, l'amour, le souci de l'autre, le partage, alors, notre avenir entier nous paraîtra tout de suite bien plus rieur.

Les connaissances scientifiques ont fait naître la technologie, mais « l'univers mécanique », que les scientifiques tentaient de comprendre, n'a pas touché leurs cœurs. Ils ont cru que leur travail consistait simplement à expliquer le fonctionnement et de laisser les autres décider de l'utilité de leurs connaissances. Ils ont argumenté en disant que ce n'était pas leur problème de dire quelle connaissance pouvait nous être bénéfique ou pas.

Tandis que s'accumulent les problèmes de notre monde technologique, les gens commencent à blâmer la science. Celle-ci ne nous a pas apporté l'âge d'or attendu, et elle nous paraît plutôt sans cœur et dangereuse. Elle ne nous a pas guidés, elle nous a plutôt perdus, et nous a même menés à notre propre destruction.

Mais la science est elle aussi une danse vivante évolutive et coopérative, celle des cerveaux humains, une danse qui doit tenter mieux encore de joindre ses pas à la danse de la nature. Lorsque les scientifiques voyaient la nature comme une immense horlogerie, ils croyaient qu'ils pouvaient s'approprier totalement la connaissance de ses mécanismes. Mais, comme nous l'avons vu, plus ils étudiaient ce monde machine, plus ils découvraient qu'il ne s'agissait en fait pas du tout d'une machine.

La nouvelle vision scientifique de l'Univers et de notre Terre en tant que danse énergétique vivante à laquelle tout est connecté et qui change et évolue constamment, depuis la plus petite particule d'énergie jusqu'aux plus grandes galaxies tournoyantes, touche nos cœurs. Dans un tel univers, la nature n'atteint jamais l'ordre parfait et les gens n'atteignent jamais la connaissance parfaite. Rien ne fonctionne comme une parfaite machine. Nous ne pouvons utiliser nos connaissances pour créer une société humaine parfaite, nous pouvons seulement en faire usage pour qu'elles nous guident vers l'équilibre et l'harmonie.

Notre connaissance nouvelle nous montre que nous ne pouvons pas nous tenir à l'écart de la nature aux fins de l'étudier ou de la contrôler. Nous sommes à jamais part de cette danse, voyant et ressentant les choses en son sein. Tout ce que nous faisons affecte l'ensemble ; tout est inséparable et interdépendant. C'est cela, l'Unité !

Nous avons mis du temps depuis l'ancien mythe de Gaïa jusqu'aux découvertes scientifiques pour découvrir qu'elle existait en tant que Terre vivante et que nous en faisions partie. Cette découverte est plus belle et plus fascinante que n'importe quelle autre histoire que nous n'ayons jamais inventée sur la création sur notre existence. Nous aimons les mythes parce qu'ils expriment une part profonde de nous-mêmes qui est en harmonie avec l'Univers. Leur beauté et leur poésie nous permettent le rire et les pleurs. Les mythes touchent nos cœurs tout autant que nos esprits. Alors que la science moderne est en voie de sortir de l'ère des machines, elle s'embellit, elle aussi.

Nous avons toujours eu ces mythes pour nous guider, et nous en créons encore, surtout les mythes qui parlent de quitter notre planète pour chercher l'intelligence ailleurs dans l'espace. La plupart de ces mythes nous montrent que nous pensons encore comme à l'ère des machines et à celui des empires. Nous voulons conquérir l'Univers, nous nous attendons à ce que les autres aient de super armes et qu'ils nous fassent la guerre. Nous pensons ainsi les déjouer et gagner ces « guerres des étoiles ».

Est-ce réellement ce que nous voulons, emporter cette ère des machines et des empires avec nous dans l'espace ? Pensez-y une minute, à ce qui se produirait là-bas sur ces autres planètes.

Elles sont éparpillées dans l'Univers. Peut-être que, comme les spores ou les graines et les œufs terrestres, ce sont seulement celles qui connaissent les conditions adéquates qui vont voir jaillir la vie et des créatures évoluer à leur surface. Chacune de ces planètes créera sa propre danse, et peut-être qu'un grand système vivant formé de plusieurs planètes naîtra. Pour ce faire, chacune des planètes impliquées devra s'ajuster à cette grande danse, sans la détruire.

Tôt ou tard, les créatures intelligentes de toutes planètes découvriront la grande force explosive qui se cache dans l'atome. Si ces êtres intelligents ont déjà mûri, vivent paisiblement ensemble partout sur leur planète et qu'ils ont appris à fabriquer une énergie inoffensive, alors, ils laisseront l'énergie nucléaire aux étoiles.

S'ils n'ont pas encore atteint la paix et la sagesse, ils se créeront probablement les mêmes types de problèmes que nous l'avons fait. Certains d'entre eux pourront même se faire sauter, incapables d'apprendre à temps ce que sont l'amour et la confiance. D'autres auront passé ces crises et se seront pacifiés. Ils auront probablement formé un système planétaire à grande échelle de gouvernance locale, intelligente et consciente, qui permettra à leur planète de demeurer saine, une planète prête à former une nouvelle alliance coopérative avec d'autres planètes ou d'autres systèmes solaires.

Les scientifiques savent aujourd'hui que la réalité profonde est faite de « non-localité », au sens où, quelle que soit la distance entre les choses dans l'espace, elles peuvent *communier* entre elles directement, peuvent savoir ce que les autres font sans qu'il y ait nécessité de communiquer dans un langage commun. Nous avons aussi vu que, sur les parties non physiques de notre « clavier », le temps n'existe pas, et que la conscience ne connaît pas de frontières. En reliant ces deux éléments, nous voyons que les êtres dotés de cultures intelligentes ont, à travers l'espace, l'opportunité de communier, d'échanger directement de l'information au sein de la conscience cosmique, sans aucun besoin de télescopes ou de vaisseaux spatiaux.

Si de telles cultures viennent nous rendre visite – et bien des gens disent que cela est le cas depuis des milliers d'années –, il est bien plus vraisemblable qu'elles soient amicales plutôt qu'hostiles. Et espérons qu'avant même de tomber sur de telles planètes, nous aurons nous aussi troqué nos vieilles habitudes de peur et de haine pour de nouvelles habitudes de confiance et d'amour. Espérons que nous aurons résolu les problèmes majeurs que connaît notre planète, plutôt que de rêver de nous en échapper.

Il nous est difficile d'imaginer qu'il existe des planètes encore plus belles que la nôtre partout dans l'Univers. Si d'autres êtres de ces planètes lointaines s'approchent de nous et nous voient, ils sauront tout de suite que Gaïa est vivante. Ils se réjouiront de son charme et de sa beauté et voudront nous aborder. S'ils sont déjà venus par le passé, ou s'ils y sont actuellement, ils pourront sentir notre peur, notre colère et notre confusion. Ils sauront que nous ne sommes pas prêts à les aider dans la construction d'une alliance universelle harmonieuse. Alors, ils s'en iront tranquillement, tout comme quelqu'un d'amical quitterait une pièce remplie de gens en colère, ou bien, ils nous observeront et ils attendront...

Les histoires que vous avez apprises de vos parents, de vos enseignants, de vos amis, des livres, de la télé, ou de toute autre source, vous laissent toutes choisir celles que vous voulez faire vôtres. Lorsque vous les adoptez, vous devenez ces croyances, votre propre histoire du « comment des choses ». Pensez à toutes vos croyances, même celles que vous nommez des *faits*, les gardiennes de ces croyances.

Vous semez bien des croyances, puis vous en désherbez quelques-unes auxquelles vous cessez de croire avec le temps, et vous continuez à en semer de nouvelles avec la nouvelle information que vous recevez, et qui semble mieux fonctionner selon vous. Vous semez celles qui semblent se correspondre dans certaines parties du jardin, et vous tentez d'harmoniser et d'embellir l'ensemble du jardin, en faisant même place à des croyances qui ressemblent à des cœurs-de-Marie ou à des saules pleureurs.

Plus vite nous nous mettrons en résonance avec la danse de Gaïa et ferons de cette planète un lieu sain et aimant, plus vite nous serons prêts à accueillir des visiteurs de l'espace et à nous y rendre avec amour et confiance.

Nous avons beaucoup à faire pour atteindre la maturité de notre propre évolution, mais bien des gens y travaillent déjà. Ils se retrouvent dans les mouvements pacifistes, l'écologie et l'éducation, la science et les soins de santé, la politique, l'économie, le droit et la psychologie, les religions et les arts. Ils sont souvent heureux de travailler, car ils croient très fort en un avenir meilleur, mais cela leur est difficile aussi, car ils rencontrent beaucoup d'incompréhension et d'absence de soutien de la part de ceux qui se raccrochent aux vieilles habitudes de haine et peur.

Si tous les individus de ce monde en venaient à aimer leur propre vie comme part de la danse de Gaïa, alors, celle-ci verrait que l'expérience des grands cerveaux valait bien le risque qu'elle a pris. Nous savons tous que nous sommes encore jeunes en tant qu'espèce humaine, et que nous pouvons bâtir un avenir aussi brillant que ce que nous désirons. La danse de Gaïa se perpétuera de manière équilibrée et harmonieuse, avec notre amour et notre coopération, à la fois pour nous et pour l'harmonie universelle.

Remerciements

Ce livre a été conçu il y a longtemps, en raison de mon appréciation du travail de James Lovelock et de Lynn Margulis, sur la théorie de Gaïa et d'une terre vivante, et pour les encouragements qu'ils m'ont donnés quant à ma propre interprétation.

Plus récemment, j'ai rencontré un ange sous la forme de Betty Sue Flowers, puisqu'elle a gracieusement offert la meilleure aide éditoriale tout en m'encourageant à publier enfin ce livre. Ma plus grande gratitude va à Gaïa elle-même qui, comme planète-parent nous a enfantés, et ce, malgré le fait que nous avons été de grands fauteurs de troubles pour elle, pour sa grande patience, alors que nous nous débattons pour grandir et nous hisser à sa hauteur.

Achevé d'imprimer en octobre 2016
sur les presses de la Nouvelle Imprimerie Laballery
58500 Clamecy
Dépôt légal : octobre 2016
Numéro d'impression : 610050

Imprimé en France

La Nouvelle Imprimerie Laballery est titulaire de la marque Imprim'Vert®